· 林木种质资源技术规范丛书 ·

丛书主编：郑勇奇 林富荣

（2-6）

栎属种质资源

描述规范和数据标准

DESCRIPTORS AND DATA STANDARDS FOR QUERCUS GERMPLASM RESOURCES

(QUERCUS L.)

李斌　庞新博 / 主编

中国林业出版社

China Forestry Publishing House

图书在版编目(CIP)数据

栎属种质资源描述规范和数据标准/李斌，庞新博主编. —北京：中国林业出版社，2022. 5

ISBN 978-7-5219-1524-2

Ⅰ. ①栎…　Ⅱ. ①李… ②庞…　Ⅲ. ①栎属-种质资源-描写-规范 ②栎属-种质资源-数据-标准　Ⅳ. ①S792. 180. 4

.　中国版本图书馆 CIP 数据核字(2022)第 001678 号

中国林业出版社·风景园林分社

责任编辑：张　华

出版发行：中国林业出版社(100009　北京西城区德内大街刘海胡同 7 号)

网　　址：http：//lycb. forestry. gov. cn

电　　话：(010)83143566

印　　刷：河北京平诚乾印刷有限公司

版　　次：2022 年 7 月第 1 版

印　　次：2022 年 7 月第 1 次

开　　本：710mm×1000mm　1/16

印　　张：8

字　　数：210 千字

定　　价：39. 00 元

林木种质资源技术规范丛书编辑委员会

《栎属种质资源描述规范和数据标准》编者

主　　编　　李　斌　　庞新博

副主编　　林富荣　　刘洪山　　武素然

执笔人　　安传志　　林富荣　　刘朝华　　刘洪山　　任俊杰
　　　　　　李　斌　　李海军　　张卫强　　陈会敏　　苏智海
　　　　　　庞新博　　武素然　　原阳晨　　董军生

审稿人　　李文英

林木种质资源技术规范丛书

 前 言 ／ PREFACE

　　林木种质资源是林木育种的物质基础，是林业可持续发展和维护生物多样性的重要保障，是国家重要的战略资源。中国林木种质资源种类多、数量大，在国际上占有重要地位，是世界上树种和林木种质资源最丰富的国家之一。

　　我国的林木种质资源收集保存与资源数字化工作始于 20 世纪 80 年代，至 2018 年年底，国家林木种质资源平台已累计完成 9 万余份林木种质资源整理和共性描述。与我国林木种质资源的丰富程度相比，尚缺乏林木种质资源相关技术规范，尤其是特征特性描述规范严重滞后，远不能满足我国林木种质资源规范描述和有效管理的需求。林木种质资源的特征特性描述为育种者和资源使用者广泛关注，对林木遗传改良和良种生产具有重要作用。因此，开展林木种质资源技术规范丛书的编撰工作十分必要。

　　林木种质资源技术规范的制定是实现我国林木种质资源工作标准化、数字化、信息化，实现林木种质资源高效管理的一项重要任务，也是林木种质资源研究和利用的迫切需要。其主要作用是：①规范林木种质资源的收集、整理、保存、鉴定、评价和利用；②评价林木种质资源的遗传多样性和丰富度；③提高林木种质资源整合的效率，实现林木种质资源的共享和高效利用。

　　林木种质资源技术规范系列丛书是我国首次对林木种质资源工

作和重点林木种质资源的描述进行规范，旨在为林木种质资源的调查、收集、编目、整理、保存等工作提供技术依据。

林木种质资源技术规范丛书的编撰出版，是国家林木(含竹藤花卉)种质资源平台的重要任务之一，受到科技部平台中心、国家林业和草原局等主管部门指导，并得到中国林业科学研究院和平台参加单位的大力支持，在此谨致诚挚的谢意。

由于本书涉及范围较广，难免有疏漏之处，恳请读者批评指正。

丛书编辑委员会

2016 年 4 月

《栎属种质资源描述规范和数据标准》

前　言　PREFACE

栎属（*Quercus* L.）为壳斗科（Fagaceae）植物中种类最多、分布最广、生物学生态学特征最明显和经济效益显著的属。栎属分布广泛，我国是世界栎属资源分布的中心之一。主要分布在北半球的北美洲，南北跨越 40 个纬度，东西跨越约 75 个经度，生态适应幅度大，其中美洲地区有 200~250 种栎树，欧洲、亚洲和北非洲等地区有 300 多种栎树，我国有 130 余种，分布于北温带至热带山地，为常绿或落叶乔木，稀为灌木。栎属植物在地球陆地生态系统中占据重要地位，具有重要的生态和经济价值。

栎属植物多长寿高大，株型各异，如树冠硕大，或主干旖旎斜曲等；叶形奇特，有大如芭蕉，小似汤匙的，特别是季相鲜明，春秋季色彩艳丽，红似火炬，或金黄灿烂，具有很高的观赏价值，欧洲、美国、日本、韩国等已广泛应用于城市绿化和造林，因此栎属植物是世界著名的高大乔木种类之一。栎属植物在用材、工业原料、环境美化和生态恢复等方面具有十分重要的价值。栎属植物材质优异，是世界上优质商品材和燃料的重要来源，其木材产品广泛应用于家具、建筑材料、铁路枕木、各类桶器及矿柱等。栎属植物结实丰富，是制作饲料、淀粉、酒精的原料；树皮、叶片、壳斗、提取物为制革、印染和渔业所必需的材料。

《栎属种质资源描述规范和数据标准》的制定是国家林木种质资源平台数据整合、建设管理的一项重要内容。制定统一的栎属种质资源描述规范标准，有利于整合中国栎属种质资源，规范栎属种质资源的收集、整理和保存等基础性工作，创造良好的资源和信息共享环境和条件；有利于保护和利用栎属种质资源，充分挖掘其潜在的经济、社会、生态和园林应用等方面的价值，促进栎属种质资源的有序利用和高效发展。

栎属种质资源描述规范规定了栎属种质资源的描述符及其分级标准，以便对栎属种质资源进行标准化整理和数字化表达。栎属种质资源数据标准规定了栎属种质资源各描述符的字段名称、类型、长度、小数位、代码等，以便建立统一规范的栎属种质资源数据库。栎属种质资源数据质量控制规范规定了栎属种质资源数据采集全过程中的质量控制内容和质量控制方法，以保证数据的系统性、可比性和可靠性。

《栎属种质资源描述规范和数据标准》由中国林业科学研究院林业研究所和河北省洪崖山国有林场共同研制和编写，得到科技部平台中心、国家林业和草原局等主管部门指导，在此致以诚挚的谢意。

由于全书涉及范围较广，编者水平有限，错误和疏漏之处在所难免，恳请读者批评指正。

编者

2021 年 11 月

目 录 CONTENTS

林木种质资源技术规范丛书前言

《栎属种质资源描述规范和数据标准》前言

栎属种质资源描述规范和 数据标准制定的原则和方法

1 栎属种质资源描述规范制定的原则和方法

1.1 原则

1.1.1 优先采用现有数据库中的描述符和描述标准。

1.1.2 以种质资源研究为主，兼顾生产与市场的需要。

1.1.3 立足于现有研究基础数据，考虑到将来的发展，尽量与国际接轨。

1.2 方法和要求

1.2.1 描述符类别分为6类。

  1 基本信息

  2 形态特征和生物学特性

  3 品质特性

  4 抗逆性

  5 抗病虫性

  6 其他特征特性

1.2.2 描述符代号由描述符类别加两位顺序号组成，如"110""208""501"等。

1.2.3 描述符性质分为3类。

  M 必选描述符(所有种质必须鉴定评价的描述符)

  O 可选描述符(可选择鉴定评价的描述符)

  C 条件描述符(只对特定种质进行鉴定评价的描述符)

1.2.4 描述符的代码应是有序的，如数量性状从细到粗、从低到高、从小到大、从少到多、从弱到强、从差到好排列，颜色从浅到深，抗性从强到弱等。

1.2.5　每个描述符应有一个基本的定义或说明。数量性状标明单位，质量性状应有评价标准和等级划分。

1.2.6　植物学形态描述符一般附模式图。

1.2.7　重要数量性状以数值表示。

2　栎属种质资源数据标准制定的原则和方法

2.1　原则

2.1.1　数据标准中的描述符与描述规范相一致。

2.1.2　数据标准优先考虑现有数据库中的数据标准。

2.2　方法和要求

2.2.1　数据标准中的代号与描述规范中的代号一致。

2.2.2　字段名最长 12 位。

2.2.3　字段类型分字符型(C)、数值型(N)和日期型(D)。日期型的格式为 YYYYMMDD。

2.2.4　经度的类型为 N，格式为 DDDFFMM；纬度的类型为 N，格式为 DDFFMM，其中 D 为(°)，F 为(′)，M 为(″)；东经以正数表示，西经以负数表示；北纬以正数表示，南纬以负数表示。如"1213656""–3921223"。

3　栎属种质资源数据质量控制规范制定的原则和方法

3.1.1　采集的数据应具有系统性、可比性和可靠性。

3.1.2　数据质量控制以过程控制为主，兼顾结果控制。

3.1.3　数据质量控制方法具有可操作性。

3.1.4　鉴定评价方法以现行国家标准和行业标准为首选依据；如无国家标准和行业标准，则以国际标准或国内比较公认的先进方法为依据。

3.1.5　每个描述符的质量控制应包括田间设计，样本数或群体大小，时间或时期，取样数和取样方法，计量单位、精度和允许误差，采用的鉴定评价规范和标准，采用的仪器设备，性状的观测和等级划分方法，数据校验和数据分析。

二 栎属种质资源描述简表

序号	代号	描述字段	描述符性质	单位或代码
1	101	资源流水号	M	
2	102	资源编号	M	
3	103	种质名称	M	
4	104	种质外文名	O	
5	105	科中文名	M	
6	106	科拉丁名	M	
7	107	属中文名	M	
8	108	属拉丁名	M	
9	109	种中文名	M	
10	110	种拉丁名	M	
11	111	原产地	M	
12	112	原产省	M	
13	113	原产国家	M	
14	114	来源地	M	
15	115	归类编码	O	
16	116	资源类型	M	1：野生资源（群体、种源）　2：野生资源（家系） 3：野生资源（个体、基因型）　4：地方品种 5：选育品种　6：遗传材料　7：其他
17	117	主要特性	M	1：高产　2：优质　3：抗病　4：抗虫　5：抗逆 6：高效　7：其他
18	118	主要用途	M	1：材用　2：食用　3：药用　4：防护　5：观赏 6：其他

（续）

序号	代号	描述字段	描述符性质	单位或代码
19	119	气候带	M	1：热带　2：亚热带　3：温带　4：寒温带 5：寒带
20	120	生长习性	M	1：喜光　2：耐盐碱　3：喜水肥　4：耐干旱
21	121	开花结实特性	M	
22	122	特征特性	M	
23	123	具体用途	M	
24	124	观测地点	M	
25	125	繁殖方式	M	1：有性繁殖（种子繁殖）　2：有性繁殖（胎生繁殖） 3：无性繁殖（扦插繁殖）　4：无性繁殖（嫁接繁殖） 5：无性繁殖（根繁）　6：无性繁殖（分蘖繁殖） 7：无性繁殖（组织培养/体细胞培养）
26	126	选育（采集）单位	C	
27	127	育成年份	C	
28	128	海拔	M	m
29	129	经度	M	
30	130	纬度	M	
31	131	土壤类型	O	
32	132	生态环境	O	
33	133	年均温度	O	℃
34	134	年均降水量	O	mm
35	135	图像	M	
36	136	记录地址	O	
37	137	保存单位	M	
38	138	单位编号	M	
39	139	库编号	O	
40	140	引种号	O	
41	141	采集号	O	
42	142	保存时间	M	YYYYMMDD
43	143	保存材料类型	M	1：植株　2：种子　3：营养器官（穗条、块根、根 穗、根鞭等）　4：花粉　5：培养物（组培材料） 6：其他
44	144	保存方式	M	1：原地保存　2：异地保存　3：设施（低温库） 保存
45	145	实物状态	M	1：良好　2：中等　3：较差　4：缺失

(续)

序号	代号	描述字段	描述符性质	单位或代码
46	146	共享方式	M	1：公益 2：公益借用 3：合作研究 4：知识产权交易 5：资源纯交易 6：资源租赁 7：资源交换 8：收藏地共享 9：行政许可 10：不共享
47	147	获取途径	M	1：邮递 2：现场获取 3：网上订购 4：其他
48	148	联系方式	M	
49	149	源数据主键	O	
50	150	关联项目及编号	M	
51	201	生活型	M	1：落叶乔木 2：常绿乔木 3：灌木
52	202	主干数	M	1：1 2：2~3 3：>3
53	203	冠形	M	1：宽卵球形 2：卵球形 3：窄卵球形 4：扁球形 5：球形 6：柱形 7：倒卵球形
54	204	植株高度	M	m
55	205	植株胸径	M	cm
56	206	植株冠幅	O	m
57	207	植株主干姿态	M	1：通直 2：较直 3：微弯 4：弯曲
58	208	枝密度	M	1：疏 2：中 3：密
59	209	主枝伸展姿态	M	1：近直立 2：斜上伸展 3：斜展 4：斜平展 5：近平展 6：半下垂 7：下垂
60	210	主干表皮裂纹形态	M	1：近平滑 2：细纹 3：中粗纹 4：粗纹 5：块状 6：纵向条裂剥落
61	211	主干表皮栓质	M	1：无 2：有
62	212	主干树皮颜色	M	1：灰白 2：灰褐 3：灰 4：灰绿 5：灰黑
63	213	树皮木栓层	M	1：不发达 2：发达
64	214	1年生枝冬季表皮颜色	M	1：灰白 2：绿 3：灰绿 4：灰黄 5：褐红 6：灰 7：灰黑
65	215	1年生枝表皮毛	M	1：无或近无 2：疏 3：中 4：密 5：很密
66	216	1年生枝顶芽数量	M	1：仅1 2：少 3：中 4：多
67	217	1年生枝节间长度	M	1：短 2：中 3：长
68	218	当年生枝皮孔密度	M	1：无或近无 2：疏 3：中 4：密 5：很密
69	219	当年生枝表皮颜色	M	1：浅绿 2：中绿 3：深绿 4：黄绿 5：褐绿 6：灰白 7：灰黄 8：红褐
70	220	当年生枝扭曲	M	1：无 2：有
71	221	冬芽形状	M	1：宽卵形 2：卵形 3：窄卵形 4：近球形
72	222	顶芽数	M	1：少 2：中 3：多

(续)

序号	代号	描述字段	描述符性质	单位或代码
73	223	顶芽长度	O	mm
74	224	顶芽宽度	O	mm
75	225	叶片外轮廓形状	M	1：卵圆形　2：窄卵圆形　3：披针形　4：近圆形　5：椭圆形　6：近条形　7：倒三角形　8：倒卵圆形　9：窄倒卵形　10：倒披针形
76	226	叶片长度	O	cm
77	227	叶片宽度	O	cm
78	228	叶片质地	M	1：纸质　2：半革质　3：革质
79	229	叶片表面光泽	M	1：无或近无　2：弱　3：中　4：强
80	230	叶片背面毛类型	O	1：纤毛　2：柔毛　3：毡毛　4：簇毛　5：腺毛
81	231	叶片背面毛颜色	O	1：灰白　2：灰黄　3：黄褐　4：灰褐
82	232	叶片叶缘形态	M	1：近全缘　2：疏浅锯齿　3：圆钝锯齿　4：细锯齿　5：粗锯齿　6：波状齿　7：裂片状锯齿　8：羽状裂片
83	233	叶缘锯齿深度	M	1：无或近无　2：浅　3：中　4：深　5：很深
84	234	叶片锯齿间距离（仅对波状和裂片状品种）	M	1：短　2：中　3：长
85	235	叶缘锯齿数量	M	1：无或近无　2：少　3：中　4：多　5：很多
86	236	叶缘锯齿上部形状	M	1：圆钝　2：尖锐
87	237	叶缘锯齿顶端芒刺	M	1：无　2：有
88	238	叶片顶端形状	M	1：凹　2：圆钝　3：突尖　4：锐尖　5：渐尖
89	239	叶片基部形状	M	1：窄楔形　2：中楔形　3：宽楔形　4：平截形　5：圆形　6：浅心形　7：心形　8：浅耳形　9：耳形
90	240	叶片复色	M	1：否　2：是
91	241	新叶上表面主色	M	1：浅绿　2：中绿　3：黄绿　4：黄　5：橙黄　6：橙红　7：褐红　8：紫红　9：红褐　10：褐
92	242	成熟叶上表面主色	M	1：浅绿　2：中绿　3：深绿　4：黄绿　5：灰绿　6：黄　7：红　8：紫红　9：红褐
93	243	成熟叶下表面主色	M	1：灰白　2：浅绿　3：中绿　4：深绿　5：黄绿　6：浅灰绿　7：灰绿　8：黄
94	244	叶片秋季季相主色	M	1：中绿　2：深绿　3：黄绿　4：黄　5：橙黄　6：橙红　7：紫红　8：褐红　9：黄褐
95	245	叶片次色部位（仅对复色叶品种）	C/品种	1：边缘线形　2：边缘　3：中部　4：沿叶脉　5：散布　6：不规则

(续)

序号	代号	描述字段	描述符性质	单位或代码
96	246	叶片次色颜色 （仅对复色叶品种）	C/品种	1：白 2：浅黄 3：黄 4：黄绿 5：灰绿
97	247	叶柄长度	O	mm
98	248	叶柄粗度	O	mm
99	249	雄花花期	O	d
100	250	雌花花期	O	d
101	251	果实形状	O	1：卵球形 2：扁球形 3：球形 4：椭圆形
102	252	果实大小	O	1：小 2：中 3：大
103	253	种实长度	O	cm
104	254	种实宽度	O	cm
105	255	壳斗包被坚果比例	O	1：≤1/4 2：1/4~1/3 3：1/3~1/2 4：1/2~2/3 5：2/3~3/4 6：≥3/4
106	256	果柄长度	O	cm
107	257	壳斗高度	O	cm
108	258	壳斗直径	O	cm
109	259	壳斗形状	O	1：近碟状 2：浅碗状 3：碗状 4：坛状
110	260	壳斗苞片形状	O	1：三角形 2：窄卵圆形 3：菱形 4：披针形 5：条形 6：线形 7：扇形
111	261	壳斗苞片疣状	O	1：否 2：是
112	262	壳斗边缘	O	1：延伸贴紧坚果 2：增厚
113	263	坚果表面颜色	O	1：绿 2：黄绿 3：褐绿 4：紫褐
114	264	坚果表面纹饰明显	O	1：不明显 2：明显
115	265	坚果表面毛	O	1：无 2：有
116	266	坚果顶端形状	O	1：凹 2：平截 3：圆钝 4：锐尖 5：突尖
117	267	坚果千粒重	O	g
118	268	单株结实量	O	kg
119	269	种子千粒重	O	g
120	270	发芽率	O	%
121	271	萌动日期	O	月　日
122	272	新叶色彩持续期	O	d
123	273	秋季叶变色日期	O	月　日
124	274	秋季叶色持续期	O	d
125	275	落叶日期	O	月　日

（续）

序号	代号	描述字段	描述符性质	单位或代码
126	301	果实出仁率	O	%
127	302	果实淀粉含量	O	g/kg
128	303	果实蛋白质含量	O	g/100g
129	304	果实脂肪含量	O	g/100g
130	305	果实氨基酸总含量	O	mg/100g
131	306	果实脯氨酸含量	O	mg/100g
132	307	果实天冬氨酸含量	O	mg/100g
133	308	果实精氨酸含量	O	mg/100g
134	309	果实微量元素含量	O	mg/100g
135	310	果实铁含量	O	mg/100g
136	311	果实锌含量	O	mg/100g
137	312	果实铜含量	O	mg/100g
138	313	种仁淀粉含量	O	g/100g
139	314	湿面筋含量	O	%
140	315	叶片总糖含量	O	g/100g
141	316	叶片还原糖含量	O	g/100g
142	317	叶片粗脂肪含量	O	g/100g
143	318	叶片粗纤维含量	O	g/100g
144	319	叶片粗蛋白含量	O	g/100g
145	320	叶片灰分含量	O	g/100g
146	321	叶片全氮含量	O	g/100g
147	322	叶片全磷含量	O	g/100g
148	323	叶片全钾含量	O	mg/100g
149	324	硝酸还原酶活性	O	$\mu g/(g \cdot h)$
150	325	可溶性蛋白含量	O	mg/100g
151	326	叶绿素含量	O	mg/100g
152	327	木材基本密度	C/品种	g/cm^3
153	328	木材纤维长度	C/品种	mm
154	329	木材纤维宽度	C/品种	μm
155	330	木材纤维长宽比	C/品种	
156	331	木材纤维含量	C/品种	%
157	332	木材造纸得率	C/品种	%

（续）

序号	代号	描述字段	描述符性质	单位或代码
158	333	木材顺压强度	C/品种	1：高 2：较高 3：中 4：较低 5：低
159	334	木材抗弯强度	C/品种	1：高 2：较高 3：中 4：较低 5：低
160	335	木材干缩系数	C/品种	
161	336	木材弹性模量	C/品种	
162	337	木材硬度	C/品种	1：硬 2：中 3：软
163	338	木材冲击韧性	C/品种	1：强 2：中 3：差
164	401	耐旱性	M	1：强 2：中 3：弱
165	402	耐涝性	M	1：强 2：中 3：弱
166	403	耐寒性	M	1：强 2：中 3：弱
167	404	耐盐碱能力	O	1：强 2：中 3：弱
168	405	抗晚霜能力	M	1：强 2：中 3：弱
169	501	栎粉舟蛾抗性	O	1：高抗 3：抗 5：中抗 7：感 9：高感
170	502	栎实象鼻虫抗性	O	1：高抗 3：抗 5：中抗 7：感 9：高感
171	503	栗山天牛抗性	O	1：高抗 3：抗 5：中抗 7：感 9：高感
172	504	栎实僵干病抗性	O	1：高抗 3：抗 5：中抗 7：感 9：高感
173	505	褐斑病抗性	O	1：高抗 3：抗 5：中抗 7：感 9：高感
174	506	白粉病抗性	O	1：高抗 3：抗 5：中抗 7：感 9：高感
175	507	心材白腐病抗性	O	1：高抗 3：抗 5：中抗 7：感 9：高感
176	508	根朽病抗性	O	1：高抗 3：抗 5：中抗 7：感 9：高感
177	509	旱烘病抗性	O	1：高抗 3：抗 5：中抗 7：感 9：高感
178	601	指纹图谱与分子标记	O	
179	602	备注	O	

栎属种质资源描述规范

1 范围

本规范规定了栎属种质资源的描述符及其分级标准。

本规范适用于栎属种质资源的收集、整理和保存，数据标准和数据质量控制规范的制定，以及数据库和信息共享网络系统的建立。

2 规范性引用文件

下列文件中的条款通过本规范的引用而成为本规范的条款。凡是注日期的引用文件，其随后所有的修改单（不包括勘误的内容）或修订版均不适用于本规范，然而，鼓励根据本规范达成协议的各方研究是否可使用这些文件的最新版本。凡是不注日期的引用文件，其最新版本适用于本规范。

ISO 3166　Codes for the Representation of Names of Countries

GB/T 2659—2000　世界各国和地区名称代码

GB/T 2260—2007　中华人民共和国行政区划代码

GB/T 12404—1997　单位隶属关系代码

LY/T 2192—2013　林木种质资源共性描述规范

GB/T 10466—1989　蔬菜、水果形态学和结构学术语（一）

GB/T 4407—2008　经济作物种子

GB/T 14072—1993　林木种质资源保存原则与方法

The Royal Horticultural Society's Colour Chart

GB/T 1935—1991　木材顺纹抗压强度试验方法

GB/T 1927—1943—1991　木材物理力学性质试验方法

GB/T 10016—1988　林木种子贮藏

GB/T 2772—1999　林木种子检验规程

GB/T 7908—1999　林木种子质量分级

GB/T 16620—1996　林木育种及种子管理术语

GB/T 10018—1988　主要针叶造林树种优树选择技术

3　术语和定义

3.1　栎属

栎属(*Quercus* L.)属壳斗科(Fagaceae)落叶或常绿乔木或灌木,为重要林木之一,产木材、炭、染料、栓皮和饲养柞蚕等,具有独特的材用、绿化、防护及科研价值。

3.2　栎属种质资源

栎属种、亚种、变种、品种、种源、家系、无性系、古树、优树等。

3.3　基本信息

栎属种质资源基本情况描述信息,包括资源编号、种质名称、学名、原产地、种质类型等。

3.4　形态特征和生物学特性

栎属种质资源的植物学形态、产量和物候期等特征特性。

3.5　品质特性

栎属种质资源的果实、种子、叶片的营养成分含量以及木材特性,包括果实蛋白质含量、种仁淀粉含量、木材纤维含量、木材造纸得率、木材冲击韧性等。

3.6　抗逆性

栎属种质资源对各种非生物胁迫的适应或抵抗能力,包括抗旱性、耐涝性、耐寒性、耐盐碱能力、抗晚霜能力等。

3.7　抗病虫性

栎属种质资源对各种生物胁迫的适应或抵抗能力,包括栎粉舟蛾、褐斑病等。

3.8　栎属的发育年周期

栎属在一年中随外界环境条件的变化而出现一系列的生理和形态变化,并呈现一定的生长发育规律性。这种随气候而变化的生命活动过程,称为发育年周期,可分为营养生长期、生殖生长期和休眠期3个阶段。营养生长期和生殖生长期包括发芽期、展叶期、始花期、盛花期、末花期、果实成熟期和落叶期等。有5%的芽萌发，并开始露出幼叶为发芽期。5%的幼叶展开为展叶期。5%的花全部开放为始花期，25%的花全部开放为盛花期，75%的花全部开放为末花期。25%的果实成熟，呈现出该品种固有的大小、性状和颜色等为果实成熟期。植株叶片色泽绿色减退、变黄、脱落为落叶期。

4 基本信息

4.1 资源流水号
栎属种质资源进入数据库自动生成的编号。

4.2 资源编号
栎属种质资源的全国统一编号。由15位符号组成，即树种代码(5位)+保存地代码(6位)+顺序号(4位)。

树种代码：采用树种学名(拉丁名)的属名前2位字母+种名前3位字母组成；

保存地代码：是指资源保存地所在县级行政区域的代码，按照GB/T 2260—2007的规定执行；

顺序号：该类资源在保存库中的顺序号。

4.3 种质名称
每份栎属种质资源的中文名称。

4.4 种质外文名
国外引进栎属种质的外文名，国内种质资源不填写。

4.5 科中文名
壳斗科。

4.6 科拉丁名
Fagaceae。

4.7 属中文名
栎属。

4.8 属拉丁名
Quercus L. 。

4.9 种中文名
栎属种质资源在植物分类学上种的中文名称。

4.10 种拉丁名
栎属种质资源在植物分类学上种的拉丁名，由属名+种加词+命名人组成。

4.11 原产地

国内栎属种质资源的原产县、乡、村、林场名称。依照国家标准 GB/T 260—2007，填写原产县、自治县、县级市、市辖区、旗、自治旗、林区的名称以及具体的乡、村、林场等名称。

4.12 原产省

国内栎属种质资源原产省份，依照国家标准 GB/T 260—2007，填写原产省(自治区、直辖市)的名称；国外引进栎属种质资源原产国家(或地区)一级行政区的名称。

4.13 原产国家

栎属种质资源的原产国家或地区的名称，依照国家标准《世界各国和地区名称代码》(GB/T 2659—2000)中的规范名称填写。

4.14 来源地

国外引进栎属种质资源的来源国名称、地区名称或国际组织名称；国内栎属种质资源的来源省、县名称。

4.15 归类编码

采用国家自然科技资源共享平台编制的《自然科技资源共性描述规范》(中国科学技术出版社，2006)，依据其中"植物种质资源分级归类与编码表"中林木部分进行编码(11 位)。不能归并到末级的资源，可以归到上一级，后面补齐 000。如：栎属 11131117135、辽东栎 11131117137、栓皮栎为 11131117139，其他栎属植物统一为 11131117000。

4.16 资源类型

栎属种质类型分为 7 类。

1　野生资源(群体、种源)

2　野生资源(家系)

3　野生资源(个体、基因型)

4　地方品种

5　选育品种

6　遗传材料

7　其他

4.17 主要特性

栎属种质资源的主要特性。

1　高产

2　优质

3　抗病

    4 抗虫

    5 抗逆

    6 高效

    7 其他

4.18　主要用途

栎属种质资源的主要用途。

    1 材用

    2 食用

    3 药用

    4 防护

    5 观赏

    6 其他

4.19　气候带

栎属种质资源原产地所属气候带。

    1 热带

    2 亚热带

    3 温带

    4 寒温带

    5 寒带

4.20　生长习性

描述栎属林木在长期自然选择中表现的生长、适应或喜好。如落叶乔木、直立生长、喜光、耐盐碱、喜水肥、耐干旱等。

4.21　开花结实特性

栎属种质资源的开花和结实周期。

4.22　特征特性

栎属种质资源可识别或独特性的形态、特性。

4.23　具体用途

栎属种质资源具有的特殊价值和用途。

4.24　观测地点

栎属种质资源的形态、特性观测测定的地点。

4.25　繁殖方式

栎属种质资源的繁殖方式。

    1 有性繁殖(种子繁殖)

    2 有性繁殖(胎生繁殖)

3　无性繁殖(扦插繁殖)

4　无性繁殖(嫁接繁殖)

5　无性繁殖(根繁)

6　无性繁殖(分蘖繁殖)

7　无性繁殖(组织培养/体细胞培养)

4.26　选育单位

选育栎属品种的单位或个人(野生资源的采集单位或个人)。

4.27　育成年份

栎属品种(系)育成的年份。

4.28　海拔

栎属种质资源原产地的海拔高度,单位为 m。

4.29　经度

栎属种质资源原产地的经度。格式为 DDDFFMM,其中 DDD 为(°),FF 为(′),MM 为(″)。

4.30　纬度

栎属种质资源原产地的纬度。格式为 DDFFMM,其中 DD 为(°),FF 为(′),MM 为(″)。

4.31　土壤类型

栎属种质资源原产地的土壤条件,包括土壤质地、土壤名称、土壤酸碱度或性质等。

4.32　生态环境

栎属种质资源原产地的自然生态系统类型。

4.33　年均温度

栎属种质资源原产地的年平均温度,通常用当地最近气象台近 30~50 年的年均温度,单位为℃。

4.34　年均降水量

栎属种质资源原产地的年均降水量,通常用当地最近气象台近 30~50 年的年均降水量,单位为 mm。

4.35　图像

栎属种质资源的图像信息,图像格式为 .jpg。

4.36　记录地址

提供栎属种质资源详细信息的网址或数据库记录链接。

4.37　保存单位

栎属种质资源的保存单位名称(全称)。

4.38 单位编号

栎属种质资源在保存单位中的编号。

4.39 库编号

栎属种质资源在种质资源库或圃中的编号。

4.40 引种号

栎属种质资源从国外引入时的编号。

4.41 采集号

栎属种质在野外采集时的编号。

4.42 保存时间

栎属种质资源被收藏单位收藏或保存的时间，以"年月日"表示，格式为"YYYYMMDD"。

4.43 保存材料类型

保存的栎属种质材料的类型。

1 植株
2 种子
3 营养器官(穗条、块根、根穗、根鞭等)
4 花粉
5 培养物(组培材料)
6 其他

4.44 保存方式

栎属种质资源保存的方式。

1 原地保存
2 异地保存
3 设施(低温库)保存

4.45 实物状态

栎属种质资源实物的状态。

1 良好
2 中等
3 较差
4 缺失

4.46 共享方式

栎属种质资源实物的具体方式。

1 公益
2 公益借用

3　合作研究

4　知识产权交易

5　资源纯交易

6　资源租赁

7　资源交换

8　收藏地共享

9　行政许可

10　不共享

4.47　获取途径

获取栎属种质资源实物的途径。

1　邮递

2　现场获取

3　网上订购

4　其他

4.48　联系方式

获取栎属种质资源的联系方式。包括联系人、单位、邮编、电话、E-mail 等。

4.49　数据主键

链接栎属种质资源特性树或详细信息的主键值。

4.50　关联项目及编号

栎属种质资源收集、选育或整合所依托的项目及编号。

5　形态特征和生物学特性

5.1　生活型

栎属种质长期适应生境条件，在形态上表现出来的生长类型。

1　落叶乔木

2　常绿乔木

3　灌木

5.2　主干数

成龄栎属种质主干的个数，单位为个(图1)。

1　1

2　2~3

3　>3

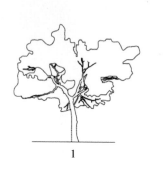

1   2   3

图 1　栎属植物主干数

5.3　冠形

依据栎属种质主枝基角的开张角度、树体高度和枝条的生长方向等表现出的树冠形态。

      1　宽卵球形

      2　卵球形

      3　窄卵球形

      4　扁球形

      5　球形

      6　柱形

      7　倒卵球形

5.4　植株高度

栎属种质成龄树(指进入盛果期的树,下同)地上部分的高度,单位为 m。

5.5　植株胸径

栎属种质距地面 1.3 m 处的直径,单位为 cm。

5.6　植株冠幅

栎属成龄树树木整个的宽度,单位为 m。

5.7　植株主干姿态

成龄栎属种质主干的形态(图2)。

      1　通直

      2　较直

      3　微弯

      4　弯曲

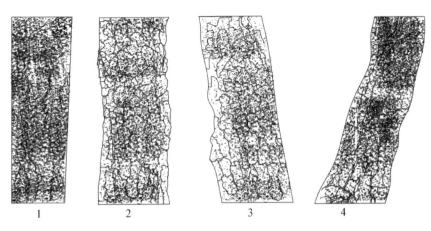

图 2 植株主干姿态

5.8 枝密度

成龄栎属种质枝条的生长密度。

1 疏

2 中

3 密

5.9 主干伸展姿态

未整形修剪成龄栎属种质树枝、干的角度大小。

1 近直立

2 斜上伸展

3 斜展

4 斜平展

5 近平展

6 半下垂

7 下垂

5.10 主干表皮裂纹形态

栎属种质种质树干表皮裂纹的形态。

1 近平滑

2 细纹

3 中粗纹

4 粗纹

5 块状

6 纵向条裂剥落

5.11　主干表皮栓质

栎属种质树干表皮是否有栓质。

    1　无

    2　有

5.12　主干树皮颜色

栎属种质树干表面的颜色。

    1　灰白

    2　灰褐

    3　灰

    4　灰绿

    5　灰黑

5.13　树皮木栓层

栎属种质树皮的木栓层是否发达。

    1　不发达

    2　发达

5.14　1年生枝冬季表皮颜色

栎属种质1年生枝条表皮在冬季的颜色。

    1　灰白

    2　绿

    3　灰绿

    4　灰黄

    5　褐红

    6　灰

    7　灰黑

5.15　1年生枝表皮毛

栎属种质1年生枝条表皮毛的疏密程度(图3)。

    1　无或近无

    2　疏

    3　中

    4　密

    5　很密

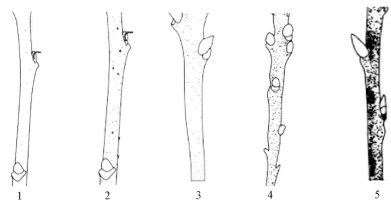

图3　一年生主枝表皮毛

5.16　1年生枝顶芽数量

栎属种质1年生枝条顶芽的数量，单位为个(图4)。

　　1　仅1

　　2　少

　　3　中

　　4　多

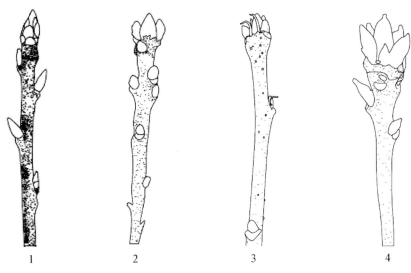

图4　1年生枝顶芽数量

5.17　1年生枝节间长度

栎属种质1年生枝条节间的长度，单位为cm(图5)。

　　1　短

2 中

3 长

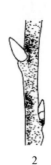

1

2

3

图5 1年生枝节间长度

5.18 当年生枝皮孔密度

栎属种质当年生枝条皮孔的疏密程度，单位为个/cm^2。

1 无或近无

2 疏

3 中

4 密

5 很密

5.19 当年生枝表皮颜色

栎属种质当年生枝条表皮的颜色。

1 浅绿

2 中绿

3 深绿

4 黄绿

5 褐绿

6 灰白

7 灰黄

8 红褐

5.20 当年生枝扭曲

栎属种质当年生枝条是否发生扭曲。

    1 无

    2 有

5.21 冬芽形状

栎属种质冬芽的外部形态。

    1 宽卵形

    2 卵形

    3 窄卵形

    4 近球形

5.22 顶芽数

栎属种质顶芽的数量，单位为个。

    1 少

    2 中

    3 多

5.23 顶芽长度

栎属种质顶芽顶部到基部之间的最大距离，单位为 mm。

5.24 顶芽宽度

栎属种质顶芽最宽处的宽度，单位为 mm。

5.25 叶片外轮廓形状

栎属种质正常叶片的外部轮廓的形状(图6)。

    1 卵圆形

    2 窄卵圆形

    3 披针形

    4 近圆形

    5 椭圆形

    6 近条形

    7 倒三角形

    8 倒卵圆形

    9 窄倒卵形

    10 倒披针形

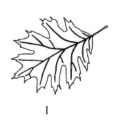   

1　　　　　　　　3　　　　　　　　8　　　　　　　　10

图6　叶片外轮廓形状

5.26　叶片长度

栎属种质叶片基部和叶尖之间的最大距离，单位为 cm。

5.27　叶片宽度

栎属种质正常叶片最宽处的宽度，单位为 cm。

5.28　叶片质地

栎属种质正常叶片的薄厚程度。

    1　纸质

    2　平革质

    3　革质

5.29　叶表面光泽强度

栎属种质正常叶片的表面光泽强弱程度。

    1　无或近无

    2　弱

    3　中

    4　强

5.30　叶片背面毛类型

栎属种质叶片背面被毛的类型。

    1　纤毛

    2　柔毛

    3　毡毛

    4　簇毛

    5　腺毛

5.31　叶片背面毛颜色

栎属种质叶片背面被毛的颜色。

    1　灰白

    2　灰黄

    3　黄褐

4 灰褐

5.32 叶片叶缘形态

栎属种质正常叶片边缘的形状。

1 近全缘

2 疏浅锯齿

3 圆钝锯齿

4 细锯齿

5 粗锯齿

6 波状齿

7 裂片状锯齿

8 羽状裂片

5.33 叶缘锯齿深度

栎属种质叶片边缘锯齿的深浅程度。

1 无或近无

2 浅

3 中

4 深

5 很深

5.34 叶片锯齿间距离(仅对波状和裂片状品种)

针对波状和裂片状栎属品种，正常叶片边缘锯齿之间的距离大小，单位为 mm。

1 短

2 中

3 长

5.35 叶缘锯齿数量

栎属种质叶片边缘锯齿的数量，单位为对。

1 无或近无

2 少

3 中

4 多

5 很多

5.36 叶缘锯齿上部形状

栎属种质叶片边缘锯齿的上部形状。

1 圆钝

2　尖锐

5.37　叶缘锯齿顶端芒刺

栎属种质叶片边缘锯齿顶端是否有芒刺(图7)。

　　1　无

　　2　有

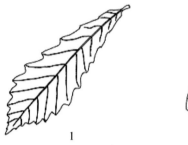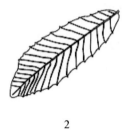

1　　　　　　　　　　　2

图7　叶缘锯齿顶端芒刺

5.38　叶片顶端形状

栎属种质叶片远离茎杆一端的形状。

　　1　凹

　　2　圆钝

　　3　突尖

　　4　锐尖

　　5　渐尖

5.39　叶片基部形状

栎属种质叶片靠近茎杆一端的形状。

　　1　窄楔形

　　2　中楔形

　　3　宽楔形

　　4　平截形

　　5　圆形

　　6　浅心形

　　7　心形

　　8　浅耳形

　　9　耳形

5.40　叶片复色

栎属种质叶片是否为复色。

1　否

2　是

5.41　新叶上表面主色

栎属种质新生叶片上表面的主要颜色。

1　浅绿

2　中绿

3　黄绿

4　黄

5　橙黄

6　橙红

7　褐红

8　紫红

9　红褐

10　褐

5.42　成熟叶上表面主色

栎属种质成熟叶片上表面的主要颜色。

1　浅绿

2　中绿

3　深绿

4　黄绿

5　灰绿

6　黄

7　红

8　紫红

9　红褐

5.43　成熟叶下表面主色

栎属种质成熟叶片下表面的主要颜色。

1　灰白

2　浅绿

3　中绿

4　深绿

5　黄绿

6　浅灰绿

7　灰绿

8　黄

5.44　叶片秋季季相主色

栎属种质叶片在秋季发生季相变化时的主要颜色。

1　中绿

2　深绿

3　黄绿

4　黄

5　橙黄

6　橙红

7　紫红

8　褐红

9　黄褐

5.45　叶片次色部位(仅对复色叶品种)

针对复色叶的栎属品种，叶片次色的分布位置。

1　边缘线形

2　边缘

3　中部

4　沿叶脉

5　散布

6　不规则

5.46　叶片次色颜色(仅对复色叶品种)

针对复色叶的栎属品种，叶片次色的颜色。

1　白

2　浅黄

3　黄

4　黄绿

5　灰绿

5.47　叶柄长度

栎属种质叶片与茎相连的柄的长度，单位为 mm。

5.48　叶柄粗度

栎属种质叶片与茎相连的柄的最宽处直径，单位为 mm。

5.49　雄花花期

雄花花芽萌动至散粉所经历的天数，单位为 d。

5.50　雌花花期

雌花花芽萌动至授粉所经历的天数，单位为 d。

5.51 果实形状

果实发育至成熟时的外部形态(图8)。

    1 卵球形

    2 扁球形

    3 球形

    4 椭球形

1   2   3   4

图 8 果实形状

5.52 果实大小

栎属种质成龄植株果实的大小,单位为g。

    1 小

    2 中

    3 大

5.53 种实长度

栎属种质成熟果实纵径的长度,测量时从基部量至顶部,单位为cm。

5.54 种实宽度

栎属种质成熟果实横径长度,量取时量取最宽处直径,单位为cm。

5.55 壳斗包被坚果比例

栎属种质成熟坚果被壳斗包被的比例值。

    1 ≤1/4

    2 1/4~1/3

    3 1/3~1/2

    4 1/2~2/3

    5 2/3~3/4

    6 ≥3/4

5.56 果柄长度

栎属种质果实与茎相连的柄的长度,单位为cm。

5.57 壳斗高度

栎属种质包被果实的外部碗状器官基部到顶部的高度,单位为cm。

5.58 壳斗直径

栎属种质包被果实的外部碗状器官直径大小,单位为cm。

5.59　壳斗形状

栎属种质包被果实的外部碗状器官的形状(图9)。

　　1　近碟状

　　2　浅碗状

　　3　碗状

　　4　坛状

 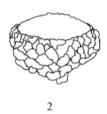 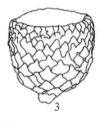 

　　1　　　　　　　2　　　　　　　3　　　　　　　4

图9　壳斗形状

5.60　壳斗苞片形状

栎属种质聚合形成包被果实的外部碗状器官的苞片的形状。

　　1　三角形

　　2　窄卵圆形

　　3　菱形

　　4　披针形

　　5　条形

　　6　线形

　　7　扇形

5.61　壳斗苞片疣状

栎属种质聚合形成包被果实的外部碗状器官的苞片是否疣状。

　　1　否

　　2　是

5.62　壳斗边缘

栎属种质聚合形成包被果实的外部碗状器官的边缘形态。

　　1　延伸贴紧坚果

　　2　增厚

5.63　坚果表面颜色

栎属种质坚果表面的颜色。

　　1　绿

2　黄绿

3　褐绿

4　紫褐

5.64　坚果表面纹饰明显

栎属种质坚果表面的纹饰是否明显。

1　否

2　是

5.65　坚果表面毛

栎属种质坚果表面是否有毛。

1　无

2　有

5.66　坚果顶端形状

栎属种质坚果远离生长部位一端的形状。

1　凹

2　平截

3　圆钝

4　锐尖

5　突尖

5.67　坚果千粒重

1 000 粒坚果的重量，是体现坚果大小与饱满程度的一项指标，单位为 g。

5.68　单株结实量

栎属种质成龄树单株的结果数量，单位 kg。

5.69　种子千粒重

1 000 粒种子的重量，是体现种子大小与饱满程度的一项指标，单位为 g。

5.70　发芽率

测试种子发芽数占测试种子总数的百分比，单位为%。

5.71　萌动日期

当 10% 的 1 年生枝顶端的冬芽开始裂口的日期记录为萌动日期。以"某月某日"表示，与标准品种进行比对。

5.72　新叶色彩持续期

记录当年生枝或 1 年生枝顶端的新梢自幼叶显色至变为正常颜色之间的天数，与标准品种进行比对。

5.73　秋季叶变色日期

秋季观测树冠外部阳面 10% 树叶开始变色的日期。以"某月某日"表示，与标准品种进行比对。

5.74 秋季叶色持续期

秋季观测树冠外部阳面 10% 树叶开始变色至变褐或落叶的天数，与标准品种进行比对。

5.75 落叶日期

秋季观测树冠 50% 树叶开始脱落的日期。以"某月某日"表示，与标准品种进行比对。

6 品质特性

6.1 果实出仁率

栎属种质种仁质量与果实质量的比率，单位为%。

6.2 果实淀粉含量

栎属种质果实中淀粉的含量，单位为 g/kg。

6.3 果实蛋白质含量

栎属种质果实中蛋白质的含量，单位为 g/100g。

6.4 果实脂肪含量

栎属种质果实中脂肪的含量，单位为 g/100g。

6.5 果实氨基酸总含量

栎属种质果实中氨基酸的总含量，单位为 mg/100g。

6.6 果实脯氨酸含量

栎属种质果实中脯氨酸的含量，单位为 mg/100g。

6.7 果实天冬氨酸含量

栎属种质果实中天冬氨酸的含量，单位为 mg/100g。

6.8 果实精氨酸含量

栎属种质果实中精氨酸的含量，单位为 mg/100g。

6.9 果实微量元素含量

栎属种质果实中微量元素的含量，单位为 mg/100g。

6.10 果实铁含量

栎属种质果实中铁元素的含量，单位为 mg/100g。

6.11 果实锌含量

栎属种质果实中锌元素的含量，单位为 mg/100g。

6.12 果实铜含量

栎属种质果实中铜元素的含量，单位为 mg/100g。

6.13 种仁淀粉含量

栎属种质种子种仁中淀粉的含量，单位为 g/100g。

6.14 湿面筋含量

栎属种质籽粒湿面筋的含量，单位为%。

6.15 叶片总糖含量

栎属种质叶片的总糖含量，单位为 g/100g。

6.16 叶片还原糖含量

栎属种质叶片还原糖的含量，单位为 g/100g。

6.17 叶片粗脂肪含量

栎属种质叶片粗脂肪的含量，单位为 g/100g。

6.18 叶片粗纤维含量

栎属种质叶片粗纤维的含量，单位为 g/100g。

6.19 叶片粗蛋白含量

栎属种质叶片粗蛋白的含量，单位为 g/100g。

6.20 叶片灰分含量

栎属种质叶片灰分的含量，单位为 g/100g。

6.21 叶片全氮含量

栎属种质叶片中氮元素的含量，单位为 g/100g。

6.22 叶片全磷含量

栎属种质叶片中磷元素的含量，单位为 g/100g。

6.23 叶片全钾含量

栎属种质叶片钾元素的含量，单位为 g/100g。

6.24 硝酸还原酶活性

栎属种质硝酸还原酶活性的强弱程度，单位为 $\mu g/(g \cdot h)$。

6.25 可溶性蛋白含量

栎属种质可溶性蛋白的含量，单位为 mg/g。

6.26 叶绿素含量

栎属种质叶片叶绿素的含量，单位为 mg/g。

6.27 木材基本密度

栎属种质木材的全干材重量除以饱和水分时木材的体积为基本密度与生材木材体积的比值，单位为 g/cm^3。

6.28 木材纤维长度

栎属种质木材纤维的长度，单位为 mm。

6.29 木材纤维宽度

栎属种质木材纤维的宽度，单位为 μm。

6.30 木材纤维长宽比

栎属种质木材纤维的长度和宽度的比值。

6.31 木材纤维含量

栎属种质木材纤维的含量，单位为%。

6.32 木材造纸得率

栎属种质木材用于造纸的得率，单位为%。

6.33 木材顺压强度

栎属种质木材顺纹抗压的强度，单位为 MPa。

6.34 木材抗弯强度

栎属种质木材抵抗弯曲不断裂的能力，单位为 MPa。

6.35 木材干缩系数

栎属种质木材的体积干缩系数，即：木材干燥时体积收缩率与纤维饱和点之比值。

6.36 木材弹性模量

栎属种质木材在弹性变形阶段，其应力与应变的比例系数。

6.37 木材硬度

栎属种质木材的硬度。

      1　硬

      2　中

6.38 木材冲击韧性

栎属种质抵抗冲击荷载的能力。

      1　强

      2　中

      3　差

7　抗逆性

7.1 耐旱性

栎属种质抵抗或忍耐干旱的能力。

      1　强

      2　中

      3　弱

7.2 耐涝性

栎属种质抵抗或忍耐高湿水涝的能力。

　　　　1　强

　　　　2　中

　　　　3　弱

7.3　耐寒性

　　栎属种质抵抗或忍耐低温寒冷的能力。

　　　　1　强

　　　　2　中

　　　　3　弱

7.4　耐盐碱能力

　　栎属种质抵抗或忍耐盐碱的能力。

　　　　1　强

　　　　2　中

　　　　3　弱

7.5　抗晚霜能力

　　栎属种质抵抗或忍耐晚霜的能力。

　　　　1　强

　　　　2　中

　　　　3　弱

8　抗病虫性

8.1　栎粉舟蛾抗性

　　栎属种质对栎粉舟蛾的抗性强弱。

　　　　1　高抗(HR)

　　　　3　抗(R)

　　　　5　中抗(MR)

　　　　7　感(S)

　　　　9　高感(HS)

8.2　栎实象鼻虫抗性

　　栎属种质对栎实象鼻虫的抗性强弱。

　　　　1　高抗(HR)

　　　　3　抗(R)

　　　　5　中抗(MR)

　　　　7　感(S)

    9 高感(HS)

8.3 栗山天牛抗性

栎属种质对栗山天牛的抗性强弱。

    1 高抗(HR)

    3 抗(R)

    5 中抗(MR)

    7 感(S)

    9 高感(HS)

8.4 栎实僵干病抗性

栎属种质僵干病病菌的抗性强弱。

    1 高抗(HR)

    3 抗(R)

    5 中抗(MR)

    7 感(S)

    9 高感(HS)

8.5 褐斑病抗性

栎属种质叶片对褐斑病病菌的抗性强弱。

    1 高抗(HR)

    3 抗(R)

    5 中抗(MR)

    7 感(S)

    9 高感(HS)

8.6 白粉病抗性

栎属种质叶片对白粉病病菌的抗性强弱。

    1 高抗(HR)

    3 抗(R)

    5 中抗(MR)

    7 感(S)

    9 高感(HS)

8.7 心材白腐病抗性

栎属种质干部对心材白腐病病菌的抗性强弱。

    1 高抗(HR)

    3 抗(R)

    5 中抗(MR)

7　感(S)

　　　　9　高感(HS)

8.8　根朽病抗性

栎属种质根部对根朽病病菌的抗性强弱。

　　　　1　高抗(HR)

　　　　3　抗(R)

　　　　5　中抗(MR)

　　　　7　感(S)

　　　　9　高感(HS)

8.9　早烘病抗性

栎属种质叶片对早烘病病菌的抗性强弱。

　　　　1　高抗(HR)

　　　　3　抗(R)

　　　　5　中抗(MR)

　　　　7　感(S)

　　　　9　高感(HS)

9　其他特征特性

9.1　指纹图谱与分子标记

栎属种质DNA指纹图谱的构建和分子标记类型及其特征参数。

9.2　备注

栎属种质特殊描述符或特殊代码的具体说明。

栎属种质资源数据标准

四

序号	代号	描述符	字段英文名	字段类型	字段长度	字段小数位	单位	代码	代码英文名	例子
1	101	资源流水号	Running number	C	20					1111C0003805000279
2	102	资源编号	Accession number	C	20					QUMON1306330159
3	103	种质名称	Accession name	C	30					栎属蔡家峪林场优株5号
4	104	种质外文名	Alien name	C	40					Superior plant No. 5, Caijiayu forestfarm, Quercus mongolica
5	105	科中文名	Chinese name of family	C	10					壳斗科
6	106	科拉丁名	Latin name of family	C	30					Fagaceae
7	107	属中文名	Chinese name of genus	C	10					栎属
8	108	属拉丁名	Latin name of genus	C	40					Quercus
9	109	种名或亚种名	Chinese name of species or subspecies	C	50					栎属
10	110	种拉丁名	Latin name of species	C	30					Quercus mongolica Fisch. ex Ledeb

（续）

序号	代号	描述符	字段英文名	字段类型	字段长度	字段小数位	单位	代码	代码英文名	例子
11	111	原产地	Place of origin	C	20					保定市
12	112	原产省	Province of origin	C	6					河北
13	113	原产国家	Country of origin	C	16					中国
14	114	来源地	Sample source	C	30					洪崖山国有林场
15	115	归类编码	Sorting code	C	11					11131117135
16	116	资源类型	Types of germplasm resources	C	12			1：野生资源（群体、种源）； 2：野生资源（家系）； 3：野生资源（个体、基因型） 4：地方品种 5：选育品种 6：遗传材料 7：其他	1：Wild Resource（Group，Provenance） 2：Wild Resource（Family） 3：Wild Resource（Individual、Genotype） 4：Local variety 5：Breeding Varieties 6：Genetic material 7：Others	遗传材料
17	117	主要特性	Key features	C	4			1：高产 2：优质 3：抗病 4：抗虫 5：抗逆 6：高效 7：其他	1:High yield 2:High quality 3:Disease-resistant 4:Insect-resistant 5:Anti-adversity 6:Highly active 7:Others	抗逆;优质;其他

（续）

序号	代号	描述符	字段英文名	字段类型	字段长度	字段小数位	单位	代码	代码英文名	例子
18	118	主要用途	Main uses	C	4			1:材用 2:食用 3:药用 4:防护 5:观赏 6:其他	1:Timber-used 2:Edible 3:Officinal 4:Protection 5:Ornamental 6:Others	材用;防护;观赏
19	119	气候带	Climate zone	C	6			1:热带 2:亚热带 3:温带 4:寒温带 5:寒带	1:Tropics 2:Subtropics 3:Temperate zone 4:Cold temperate zone 5:Frigid zone	亚热带
20	120	生长习性	Growth habit	C	6			1:喜光 2:耐盐碱 3:喜水肥 4:耐干旱	1:Light favoured 2:Salinity 3:Water-liking 4:Drought-resistant	喜光;耐干旱
21	121	开花结实特性	Characteristics of flowering and fruiting	N	100					花单性,雌雄同株,花期5~6月,果9~10月成熟,坚果卵形或椭圆形,种子具肉质子叶
22	122	特征特性	Characteristics	N	100					喜温暖湿润气候,也能耐一定寒冷和干旱;树皮灰褐色,深纵裂,总苞浅碗状,鳞片呈瘤状

（续）

序号	代码	描述符	字段英文名	字段类型	字段长度	字段小数位	单位	代码	代码英文名	例子
23	123	具体用途	Specific use	C	4					行道树；园林绿化
24	124	观测地点	Observation location	C	10					河北洪崖山国有林场管理局
25	125	繁殖方式	Means of reproduction	N	50			1:有性繁殖(种子繁殖) 2:有性繁殖(胎生繁殖) 3:无性繁殖(扦插繁殖) 4:无性繁殖(嫁接繁殖) 5:无性繁殖(根繁) 6:无性繁殖(分蘖繁殖) 7:无性繁殖(组织培养/体细胞培养)	1：Sexual propagation（Seed reproduction） 2：Sexual propagation（Viviparous reproduction） 3：Asexual propagation（Cutting reproduction） 4：Asexual propagation（Grafting reproduction） 5：Asexual propagation（Root） 6：Asexual propagation（Tillering reproduction） 7：Asexual propagation（Tissue culture／Somatic cell culture）	有性繁殖（种子繁殖）
26	126	选育单位	Breeding institute	C	40					河北洪崖山国有林场管理局
27	127	育成年份	Releasing year	N	4	0				2017
28	128	海拔	Altitude	N	5	0	m			1307
29	129	经度	Longitude	N	6	0				11550
30	130	纬度	Latitude	N	5	0				3935
31	131	土壤类型	Soil type	C	8					棕壤土

（续）

序号	代号	描述符	字段英文名	字段类型	字段长度	字段小数位	单位	代码	代码英文名	例子
32	132	生态环境	Ecological environment	C	12					陆生
33	133	年均温度	Average annual temperature	N	6	1	℃			13.5
34	134	年均降水量	Average annual precipitation	N	4	0	mm			570
35	135	图像	Image file name	C	30					1111C00031340000032-1.jpg
36	136	记录地址	Record address	C	30					
37	137	保存单位	Conservation institute	C	40					河北洪崖山国有林场
38	138	单位编号	Conservation institute number	C	10					134
39	139	库编号	Base number	C	10					0159
40	140	引种号	Introduction number	C	8					
41	141	采集号	Collecting number	C	10					2017011001
42	142	保存时间	Conservation time	D	4					20171001
43	143	保存材料类型	Donor material type	C	10			1:植株 2:种子 3:营养器官（穗条、块根、根鞭等） 4:花粉 5:培养物（组培材料） 6:其他	1:Plant 2:Seed 3:Vegetative organ（Scion, Root tuber, Root whip） 4:Pollen 5:Culture（Tissue culture material） 6:Others	植株

（续）

序号	代号	描述符	字段英文名	字段类型	字段长度	字段小数位	单位	代码	代码英文名	例子
44	144	保存方式	Conservation mode	C	8			1：原地保存 2：异地保存 3：设施（低温库）保存	1：In situ conservation 2：Ex situ conservation 3：Low temperature preservation	异地保存
45	145	实物状态	Physical state	C	4			1：良好 2：中等 3：较差 4：缺失	1：Good 2：Medium 3：Poor 4：Defect	良好
46	146	共享方式	Sharing methods	C	20			1：公益 2：公益借用 3：合作研究 4：知识产权交易 5：资源纯交易 6：资源租赁 7：资源交换 8：收藏地共享 9：行政许可 10：不共享	1：Public interest 2：Public borrowing 3：Cooperative research 4：Intellectual property rights transaction 5：Pure resources transaction 6：Resource rent 7：Resourcedischange 8：Collection local share 9：Administrative license 10：Not share	合作研究；资源交换
47	147	获取途径	Obtain way	C	8			1：邮递 2：现场获取 3：网上订购 4：其他	1：Post 2：Captured in the field 3：Online ordering 4：Others	邮递

（续）

序号	代号	描述符	字段英文名	字段类型	字段长度	字段小数位	单位	代码	代码英文名	例子
48	148	联系方式	Contact way	C	11					
49	149	源数据主键	Key words of source data	C	30					
50	150	关联项目	Related project	N	50					
51	201	生活型	Life form	C	10			1:落叶乔木 2:常绿乔木 3:灌木	1:Deciduous trees 2:Evergreen trees 3:Shrub	落叶乔木
52	202	主干数	Trunk number	N	4			1:1 2:2~3 3:>3	1:1 2:2~3 3:>3	1
53	203	冠形	Crown shape	C	6			1:宽卵球形 2:卵球形 3:窄卵球形 4:扁球形 5:球形 6:柱状 7:倒卵球形	1:Wide ovoid 2:Ovoid 3:Narrow ovoid 4:Oblate spheroid 5:Spherical 6:Columnar 7:Ovary	宽卵球形
54	204	植株高度	Plant height	C	4					14.5
55	205	植株胸径	Diameter at breast height	C	2		cm			26.5
56	206	植株冠幅	Crown breadth	C	2		m			3.5
57	207	植株主干姿态	Trunk posture	C	4			1:通直 2:较直 3:微弯 4:弯曲	1:Straight 2:Slightly straight 3:Slightly bent 4:Bending	较直

（续）

序号	代号	描述符	字段英文名	字段类型	字段长度	字段小数位	单位	代码	代码英文名	例子
58	208	枝密度	Branch density	C	2			1:疏 2:中 3:密	1:Sparse 2:Intermediate 3:Dense	中
59	209	主枝伸展姿态	Extension posture of main branch	C	8			1:近直立 2:斜上伸展 3:斜展 4:斜平展 5:近平展 6:半下垂 7:下垂	1:Nearly erect 2:Oblique extension 3:Skew exhibition 4:Oblique flat 5:Near level exhibition 6:Half droop 7:Droop	斜上伸展
60	210	主干表皮裂纹形态	Crack morphology of main skin	C	12			1:近平滑 2:细纹 3:中粗纹 4:粗纹 5:块状 6:纵向条裂剥落	1:Nearly smooth 2:Fine lines 3:Medium coarse grain 4:Coarse grain 5:Block 6:Longitudinal strip spalling	粗纹
61	211	主干表皮栓质	Main epidermal thrombus	C	2			1:否 2:是	1:No 2:Yes	否
62	212	主干树皮颜色	Bark color of trunk	C	4			1:灰白 2:灰褐 3:灰 4:灰绿 5:灰黑	1:Grey-white 2:Grey-brown 3:Ash 4:Grey-green 5:Grey-black	灰褐

（续）

序号	代号	描述符	字段英文名	字段类型	字段长度	字段小数位	单位	代码	代码英文名	例子
63	213	树皮木栓层	Cork layer of bark	C	6			1:不发达 2:发达	1:Underdeveloped 2:Developed	发达
64	214	一年生枝冬季表皮颜色	Skin color of annual branch in winter	C	4			1:灰白 2:绿 3:灰绿 4:灰黄 5:褐红 6:灰 7:灰黑	1:Grey-white 2:Green 3:Grey-green 4:Grey-yellow 5:Brown-red 6:Ash 7:Grey-black	绿
65	215	一年生枝表皮毛	Fur on the epidermis of annual branch	C	8			1:无或近无 2:疏 3:中 4:密 5:很密	1:None or nearly none 2:Sparse 3:Intermediate 4:Dense 5:Deeply dense	中
66	216	一年生枝顶芽数量	Top budsnumberof annual branch	C	4		个	1:仅1 2:少 3:中 4:多	1:Only one 2:Less 3:Intermediate 4:More	4
67	217	一年生枝节间长度	Intermode length of annual branch	C	2		cm	1:短 2:中 3:长	1:Short 2:Intermediate 3:Long	5

（续）

序号	代号	描述符	字段英文名	字段类型	字段长度	字段小数位	单位	代码	代码英文名	例子
68	218	当年生枝皮孔密度	Lenticel density of current branch	C	8		个/cm^2	1：无或近无 2：疏 3：中 4：密 5：很密	1：None or nearly none 2：Sparse 3：Intermediate 4：Dense 5：Deeply dense	5
69	219	当年生枝表皮颜色	Skin color of current branch	C	4			1：浅绿 2：中绿 3：深绿 4：黄绿 5：褐绿 6：灰白 7：灰黄 8：红褐	1：Light green 2：Medium green 3：Dark green 4：Yellow-green 5：Brown-green 6：Grey-white 7：Grey-yellow 8：Red-brown	褐绿
70	220	当年生枝扭曲	Angulation of current branch	C	2			1：否 2：是	1：No 2：Yes	否
71	221	冬芽形状	Winter buds shape	C	6			1：宽卵球形 2：卵球形 3：窄卵球形 4：近球形	1：Wide ovoid 2：Ovoid 3：Narrow ovoid 4：Subglobose	卵球形
72	222	顶芽数	Terminal buds number	C	2		个	1：少 2：中 3：多	1：Little 2：Intermediate 3：Much	3
73	223	顶芽长度	Terminal buds length	C	2		mm			10.5

（续）

序号	代号	描述符	字段英文名	字段类型	字段长度	字段小数位	单位	代码	代码英文名	例子
74	224	顶芽宽度	Terminal buds width	C	2		mm			2.2
75	225	叶片外轮廓形状	Blade outline shape	C	8			1：卵圆形 2：窄卵圆形 3：披针形 4：近圆形 5：椭圆形 6：近条状 7：倒三角形 8：倒卵圆形 9：窄倒卵形 10：倒披针形	1：Oval 2：Narrow oval 3：Lanceolate 4：Near circular 5：Oval 6：Near bars 7：Inverted triangle 8：Obovate 9：Narrow obovate 10：Oblanceolate	倒卵圆形
76	226	叶片长度	Leaf length	C	2	2	cm			8.4
77	227	叶片宽度	Leaf width	C	2		cm			4.5
78	228	叶片质地	Leaf texture	C	4			1：纸质 2：半革质 3：革质	1：Paper 2：Semi leather 3：Leather	半革质
79	229	叶片表面光泽强度	Glossy intensity of blade surface	C	8			1：无或近无 2：弱 3：中 4：强	1：None or nearly none 2：Weak 3：Intermediate 4：Strong	中

（续）

序号	代号	描述符	字段英文名	字段类型	字段长度	字段小数位	单位	代码	代码英文名	例子
80	230	叶片背面毛类型	Types of hairs on the back of leaves	C	4			1：纤毛 2：柔毛 3：毡毛 4：簇毛 5：腺毛	1：Cilia 2：Pubescence 3：Felt wool 4：Cluster hairs 5：Glandular hairs	簇毛
81	231	叶片背面毛颜色	Color of hairs on the back of leaves	C	4			1：灰白 2：灰黄 3：黄褐 4：灰褐	1：Grey-white 2：Grey-yellow 3：Yellow-brown 4：Grey-brown	灰白
82	232	叶片叶缘形态	Shape of leaf margin	C	10			1：近全缘 2：疏浅锯齿 3：圆钝锯齿 4：细锯齿 5：粗锯齿 6：波状齿 7：裂片状锯齿 8：羽状裂片	1：Near whole 2：Light serration 3：Round blunt serration 4：Fine serration 5：Coarse serration 6：Wavy teeth 7：Lobed serration 8：Pinnate lobes	波状齿
83	233	叶缘锯齿深度	Depth of blade margin serration	C	8			1：无或近无 2：浅 3：中 4：深 5：很深	1：None or Nearly none 2：Shallow 3：Intermediate 4：Deep 5：Plenty deep	中

（续）

序号	代号	描述符	字段英文名	字段类型	字段长度	字段小数位	单位	代码	代码英文名	例子
84	234	叶片锯齿间距（仅对波状和裂片状品种）	Distance between serrations of leaves（only for wavy and lobed varieties）	C	2		mm	1:短 2:中 3:长	1:Short 2:Intermediate 3:Long	10
85	235	叶缘锯齿数量	Number of blade margin serration	C	8		对	1:无或近无 2:少 3:中 4:多 5:很多	1:None or nearly none 2:Little 3:Intermediate 4:Much 5:More	7
86	236	叶缘锯齿上部形状	Upper shape of blade margin serration	C	4			1:圆钝 2:尖锐	1:Round blunt 2:Sharp	圆钝
87	237	叶缘锯齿顶端芒刺	Leaf margin serrated tip thorn	C	2			1:无 2:有	1:No 2:Yes	无
88	238	叶片顶端形状	Blade tip shape	C	4			1:凹 2:圆钝 3:突尖 4:锐尖 5:渐尖	1:Concave 2:Round blunt 3:Pointed 4:Acute 5:Acuminate	圆钝
89	239	叶片基部形状	Leaf base shape	C	6			1:窄楔形 2:中楔形 3:宽楔形 4:平截形 5:圆形 6:浅心形 7:心形 8:浅耳形 9:耳形	1:Narrow wedge 2:Medium wedge 3:Wide wedge 4:Flat cut 5:Round 6:Shallow cardioid 7:Heart shape 8:Shallow ear 9:Ear shape	圆形

（续）

序号	代号	描述符	字段英文名	字段类型	字段长度	字段小数位	单位	代码	代码英文名	例子
90	240	叶片复色	Leaf color restoration	C	2			1：否 2：是	1：No 2：Yes	否
91	241	新叶上表面主色	Main color of upper surface of young leaves	C	4			1：浅绿 2：中绿 3：黄绿 4：黄 5：橙黄 6：橙红 7：褐红 8：紫红 9：红褐 10：褐	1：Light green 2：Medium green 3：Yellow-green 4：Yellow 5：Orange-yellow 6：Orange-red 7：Brown-red 8：Purple-red 9：Red-brown 10：Brown	黄绿
92	242	成熟叶上表面主色	Main color of upper surface of mature leaves	C	4			1：浅绿 2：中绿 3：深绿 4：黄绿 5：灰绿 6：黄 7：红 8：紫红 9：红褐	1：Light green 2：Medium green 3：Dark green 4：Yellow-green 5：Grey-green 6：Yellow 7：Red 8：Purple-red 9：Red-brown	深绿

（续）

序号	代号	描述符	字段英文名	字段类型	字段长度	字段小数位	单位	代码	代码英文名	例子
93	243	成熟叶下表面主色	Main color of lower surface of mature leaves	C	4			1:灰白 2:浅绿 3:中绿 4:深绿 5:黄绿 6:浅灰绿 7:灰绿 8:黄	1:Grey-white 2:Light green 3:Medium green 4:Dark green 5:Yellow-green 6:Light grey-green 7:Grey-green 8:Yellow	浅绿
94	244	叶片秋色季相主色	Main color of leaves in autumn	C	4			1:中绿 2:深绿 3:黄绿 4:黄 5:橙黄 6:橙红 7:紫红 8:褐红 9:黄褐	1:Medium green 2:Dark green 3:Yellow green 4:Yellow 5:Orange-yellow 6:Orange-red 7:Purple-red 8:Brown-red 9:Yellow-brown	黄绿
95	245	叶片次色部位（仅对复色叶品种）	Secondary color parts of leaves（only for varieties with multiple colors）	C	8			1:边缘线形 2:边缘 3:中部 4:沿叶脉 5:散布 6:不规则	1:Edge alignment 2:Edge 3:Central 4:Along the vein 5:Dissemination 6:Irregular	边缘

（续）

序号	代号	描述符	字段英文名	字段类型	字段长度	字段小数位	单位	代码	代码英文名	例子
96	246	叶片次色颜色（仅对复色叶品种）	Secondary color of leaves (only for multi color leaves)	C	4			1:白 2:浅黄 3:黄 4:黄绿 5:灰绿	1:White 2:Light yellow 3:Yellow 4:Yellow-green 5:Grey-green	黄
97	247	叶柄长度	Petiole length	C	8		mm			8.5
98	248	叶柄粗度	Petiole coarseness	C	2		mm			2.2
99	249	雄花花期	Flowering period for male	C	2		d			19
100	250	雌花花期	Flowering period for female	C	2		d			11
101	251	果实形状	Fruit shape	C	4			1:卵球 2:扁球 3:球 4:椭球	1:Ovoid 2:Oblate spheroid 3:Spherical 4:Ellipsoid	球
102	252	果实大小	Fruit size	C	2		g	1:小 2:中 3:大	1:Small 2:Intermediate 3:Big	卵形
103	253	种实长度	Fruit length	C	2		cm			1.9
104	254	种实宽度	Fruit width	C	2		cm			1.2
105	255	完斗包被坚果比例	Percentage of shell coated nuts	N	4			1:≤1/4 2:1/4~1/3 3:1/3~1/2 4:1/2~2/3 5:2/3~3/4 6:≥3/4	1:≤1/4 2:1/4~1/3 3:1/3~1/2 4:1/2~2/3 5:2/3~3/4 6:≥3/4	1/2~2/3

（续）

序号	代号	描述符	字段英文名	字段类型	字段长度	字段小数位	单位	代码	代码英文名	例子
106	256	果柄长度	Fruit stalk length	C	8		cm			0.9
107	257	壳斗高度	Bucket height	C	2		cm			0.6
108	258	壳斗直径	Shell diameter	C	2		cm			0.8
109	259	壳斗形状	Shell shape	C	6			1:近碟状 2:浅碗状 3:碗状 4:坛状	1:Near saucer 2:Shallow bowl 3:Bowl shaped 4:Altar shaped	坛状
110	260	壳斗苞片形状	Shell bract shape	C	8			1:三角形 2:窄卵圆形 3:菱形 4:披针形 5:条形 6:线形 7:扇形	1:Triangle 2:Narrow oval 3:Diamond shaped 4:Lancet 5:Strip 6:Alignment 7:Sector	菱形
111	261	壳斗苞片疣状	Bract verrucose	C	2			1:否 2:是	1:No 2:Yes	是
112	262	壳斗边缘	Shell edge	C	12			1:延伸贴紧坚果 2:增厚	1:Extended close nut 2:Thickening	增厚
113	263	坚果表面颜色	Nut surface color	C	4			1:绿 2:黄绿 3:褐绿 4:紫褐	1:Green 2:Yellow-green 3:Brown-green 4:Purple-brown	绿

（续）

序号	代号	描述符	字段英文名	字段类型	字段长度	字段小数位	单位	代码	代码英文名	例子
114	264	坚果表面纹饰明显	The surface of the nut is obviously decorated	C	2			1:否 2:是	1:No 2:Yes	否
115	265	坚果表面毛	Nut surface hair	C	4			1:无 2:有	1:No 2:Yes	无
116	266	坚果顶端形状	Nut tip shape	C	4			1:凹 2:平截 3:圆钝 4:钝尖 5:突尖	1:Concave 2:Flat cut 3:Round blunt 4:Acuminate 5:Acute	圆钝
117	267	坚果干粒重	1000 grain weight of nut	C	2		g	1:轻 2:中 3:重	1:Light 2:Intermediate 3:Heavy	中
118	268	单株结实量	Seed set per plant	C	2			1:少 2:中 3:多	1:Little 2:Intermediate 3:Much	中
119	269	种子干粒重	Weight of 1000-seeds	N	4		g			1360
120	270	发芽率	Germination percentage	N	4		%			60
121	271	萌动日期	Germination period	C	2		月日			3月25日
122	272	新叶色彩持续期	Young leaves color duration	C	2			1:短 2:中 3:长	1:Short 2:Intermediate 3:Long	中

（续）

序号	代号	描述符	字段英文名	字段类型	字段长度	字段小数位	单位	代码	代码英文名	例子
123	273	秋季叶变色期	Autumn leaves discoloration period	C	2			1:早 2:中 3:晚	1:Early 2:Intermediate 3:Late	中
124	274	秋季叶色持续期	Autumn leaves color duration	C	2			1:短 2:中 3:长	1:Short 2:Intermediate 3:Long	中
125	275	落叶日期	Defoliation stage	C	8			1:早 2:中 3:晚 4:很晚 5:近无落叶期	1:Early 2:Intermediate 3:Late 4:Very late 5:Nearly no defoliation stage	晚
126	301	果实出仁率	Kernel percent of fruit	C	2		%	1:低 2:中 3:高	1:Low 2:Intermediate 3:High	中
127	302	果实淀粉含量	Starch content of fruit	C	2		g/kg			4.95
128	303	果实蛋白质含量	Protein content of fruit	C	2		g/100g			14.5
129	304	果实脂肪含量	Fat content of fruit	C	2		g/100g			12.3
130	305	果实氨基酸总含量	Total amino acid content of fruit	C	2		mg/100g			289.0

（续）

序号	代号	描述符	字段英文名	字段类型	字段长度	字段小数位	单位	代码	代码英文名	例子
131	306	果实脯氨酸含量	Proline content of fruit	C	2		mg/100g			29.5
132	307	果实天冬氨酸含量	Aspartic acid content of fruit	C	2		mg/100g			12.3
133	308	果实精氨酸含量	Arginine content of fruit	C	2		mg/100g			28.8
134	309	果实微量元素含量	Microelements content of fruit	C	2		mg/100g			114.5
135	310	果实铁含量	Iron content of fruit	C	2		mg/100g			21.0
136	311	果实锌含量	Zinc content of fruit	C	2		g/100g			15.5
137	312	果实铜含量	Copper content of fruit	C	2		mg/100g			9.6
138	313	种仁淀粉含量	Starch content of kernel	C	2		g/100g			34.5
139	314	湿面筋含量	Wet gluten	C	2		%			30.8
140	315	叶片总糖含量	Total sugar content of leaves	C	2		g/100g			8.5
141	316	叶片还原糖含量	Reducing sugar content of leaves	C	2		g/100g			4.2
142	317	叶片粗脂肪含量	Crude fat content of leaves	C	2		g/100g			5.3
143	318	叶片粗纤维含量	Crude fiber content of leaves	C	2		g/100g			7.8

（续）

序号	代号	描述符	字段英文名	字段类型	字段长度	字段小数位	单位	代码	代码英文名	例子
144	319	叶片粗蛋白含量	Crude protein content of leaves	C		2	g/100g			6.7
145	320	叶片灰分含量	Ash content of leaves	C		2	g/100g			2.9
146	321	叶片全氮含量	Total nitrogen content of leaves	C		2	g/100g			2.3
147	322	叶片全磷含量	Total phosphorus content of leaves	C		2	g/100g			1.5
148	323	叶片全钾含量	Total potassium content of leaves	C		2	g/100g			0.7
149	324	硝酸还原酶活性	Nitrate reductase activity	C		2	μg/(g·h)			37.5
150	325	可溶性蛋白含量	Soluble protein content	C		2	mg/g			85.2
151	326	叶绿素含量	Chlorophyll content	C		2	mg/g			13.1
152	327	木材基本密度	Wood basic density	C		2	g/cm^3			0.54
153	328	木材纤维长度	Wood fiber length	C		2	mm			1.22
154	329	木材纤维宽度	Wood fiber width	C		2	μm			75.0
155	330	木材纤维长宽比	Length-width ratio of wood fiber	C		2				55
156	331	木材纤维含量	Wood fiber content	N	4		%			15
157	332	木材造纸得率	Wood paper-making yield	N	4		%			

（续）

序号	代号	描述符	字段英文名	字段类型	字段长度	字段小数位	单位	代码	代码英文名	例子
158	333	木材顺压强度	Wood compression strength	C	4		Mpa	1:高 2:较高 3:中 4:较低 5:低	1:High 2:Relatively high 3:Intermediate 4:Relatively low 5:Low	中
159	334	木材抗弯强度	Wood bending strength	C	4		Mpa	1:高 2:较高 3:中 4:较低 5:低	1:High 2:Relatively high 3:Intermediate 4:Relatively low 5:Low	中
160	335	木材干缩系数	Drying shrinkage coefficient of wood	N	4					
161	336	木材弹性模量	Wood elastic modulus	N	4					
162	337	木材硬度	Wood hardness	C	2			1:硬 2:中 3:软	1:Hard 2:Intermediate 3:soft	中
163	338	木材冲击韧性	Wood impact toughness	C	2			1:强 2:中 3:差	1:Strong 2:Intermediate 3:Weak	中
164	401	耐旱性	Drought resistance	C	2			1:强 2:中 3:弱	1:Strong 2:Intermediate 3:Weak	中

（续）

序号	代号	描述符	字段英文名	字段类型	字段长度	字段小数位	单位	代码	代码英文名	例子
165	402	耐涝性	Waterlogging tolerance	C	2			1:强 2:中 3:弱	1:Strong 2:Intermediate 3:Weak	弱
166	403	耐寒性	Cold resistance	C	2			1:强 2:中 3:弱	1:Strong 2:Intermediate 3:Weak	强
167	404	耐盐碱能力	Resistance to salinization	C	2			1:强 2:中 3:弱	1:Strong 2:Intermediate 3:Weak	中
168	405	抗晚霜能力	Resistance to late frost	C	2			1:强 2:中 3:弱	1:Strong 2:Intermediate 3:Weak	中
169	501	栎粉舟蛾抗性	Resistance to *Quercus exigua*	C	4			1:高抗 3:抗 5:中抗 7:感 9:高感	1:High resistant 3:Resistant 5:Moderate resistant 7:Susceptive 9:High susceptive	抗
170	502	栎实象鼻虫抗性	Resistance to *Quercus Sitophilus rhinoceros*	C	4			1:高抗 3:抗 5:中抗 7:感 9:高感	1:High resistant 3:Resistant 5:Moderate resistant 7:Susceptive 9:High susceptive	抗

（续）

序号	代号	描述符	字段英文名	字段类型	字段长度	字段小数位	单位	代码	代码英文名	例子
171	503	栗山天牛抗性	Resistance to Lishan longicorn	C	4			1:高抗 3:抗 5:中抗 7:感 9:高感	1:High resistant 3:Resistant 5:Moderate resistant 7:Susceptive 9:High susceptive	抗
172	504	栎实僵干病抗性	Resistance to sclerotinia of quercus	C	4			1:高抗 3:抗 5:中抗 7:感 9:高感	1:High resistant 3:Resistant 5:Moderate resistant 7:Susceptive 9:High susceptive	抗
173	505	褐斑病抗性	Resistance to melasma	C	4			1:高抗 3:抗 5:中抗 7:感 9:高感	1:High resistant 3:Resistant 5:Moderate resistant 7:Susceptive 9:High susceptive	抗
174	506	白粉病抗性	Powdery mildew resistance	C	4			1:高抗 3:抗 5:中抗 7:感 9:高感	1:High resistant 3:Resistant 5:Moderate resistant 7:Susceptive 9:High susceptive	抗
175	507	心材白腐病抗性	Resistance to white rot of Quercus mongolica heartwood	C	4			1:高抗 3:抗 5:中抗 7:感 9:高感	1:High resistant 3:Resistant 5:Moderate resistant 7:Susceptive 9:High susceptive	抗

（续）

序号	代号	描述符	字段 英文名	字段 类型	字段 长度	字段 小数位	单位	代码	代码 英文名	例子
176	508	根朽病抗性	Resistance to root rot of *Quercus mongolica*	C	4			1：高抗 3：抗 5：中抗 7：感 9：高感	1：High resistant 3：Resistant 5：Moderate resistant 7：Susceptive 9：High susceptive	抗
177	509	早烘病抗性	Resistance to early baking disease of *Quercus mongolica*	C	4			1：高抗 3：抗 5：中抗 7：感 9：高感	1：High resistant 3：Resistant 5：Moderate resistant 7：Susceptive 9：High susceptive	抗
178	601	指纹图谱与分子标记	Fingerprinting and molecular marker	C	40					
179	602	备注	Remarks	C	30					

栎属种质资源数据质量控制规范 五

1 范围

本规范规定了栎属种质资源数据采集过程中的质量控制内容和方法。

本规范适用于栎属种质资源的整理、整合和共享。

2 规范性引用文件

下列文件中的条款通过本规范的引用而成为本规范的条款。凡是注日期的引用文件，其随后所有的修改单（不包括勘误的内容）或修订版均不适用于本规范，然而，鼓励根据本规范达成协议的各方研究是否可使用这些文件的最新版本。凡是不注日期的引用文件，其最新版本适用于本规范。

ISO 3166　Codes for the Representation of Names of Countries

GB/T 2659—2000　世界各国和地区名称代码

GB/T 2260—2007　中华人民共和国行政区划代码

GB/T 12404—1997　单位隶属关系代码

LY/T 2192—2013　林木种质资源共性描述规范

GB/T 10466—1989　蔬菜、水果形态学和结构学术语（一）

GB/T 4407—2008　经济作物种子

GB/T 14072—1993　林木种质资源保存原则与方法

The Royal Horticultural Society'sColour Chart

GB/T 1935—1991　木材顺纹抗压强度试验方法

GB/T 1927—1943—1991　木材物理力学性质试验方法

GB/T 10016—1988　林木种子贮藏

GB/T 2772—1999　林木种子检验规程

GB/T 7908—1999　林木种子质量分级

GB/T 16620—1996　林木育种及种子管理术语

GB/T 10018—1988　主要针叶造林树种优树选择技术

3　数据质量控制的基本方法

3.1　试验设计

按照栎属种质资源的生长发育周期，满足栎属种质资源的正常生长及其性状的正常表达，确定好试验设计的时间、地点和内容，保证所需数据的真实性、可靠性。

3.1.1　试验地点

试验地点的环境条件应能够满足栎属植物的正常生长及其性状的正常表达。

3.1.2　田间设计

一般选择 10 年生的成龄树，每份种质重复 3 次。

形态特征和生物学特性观测试验应设置对照品种，试验地周围应设保护行或保护区。

3.1.3　栽培管理

试验地的栽培管理要与大田基本相同，采用相同的水肥管理，及时防治病虫害，保证植株的正常生长。

3.2　数据采集

形态特征和生物学特性观测试验原始数据的采集应在植株正常生长的情况下获得。如遇自然灾害等因素严重影响植株正常生长时，应重新进行观测试验和数据采集。

3.3　试验数据的统计分析和校验

每份种质的形态特征和生物学特性观测数据，依据对照品种进行校验。根据 2~3 年的重复观测值，计算每份种质性状的平均值、变异系数和标准差，并进行方差分析，判断试验结果的稳定性和可靠性。取观测值的平均值作为该种质的性状值。

4 基本信息

4.1 资源流水号

栎属种质资源进入数据库自动生成的编号。

4.2 资源编号

栎属种质资源的全国统一编号。由 15 位符号组成，即树种代码(5 位)+保存地代码(6 位)+顺序号(4 位)。

树种代码：采用树种拉丁名的属名前 2 位+种名前 3 位组成；

保存地代码：是指资源保存地所在县级行政区域的代码，按照 GB/T 2260 的规定执行；

顺序号：该类资源在保存库中的顺序号。

示例：PITAB(油松树种代码)110108(北京海淀区)0001(保存顺序号)。

4.3 种质名称

国内种质的原始名称和国外引进种质的中文译名，如果有多个名称，可放在英文括号内，用英文逗号分隔，如"种质名称 1(种质名称 2，种质名称 3)"；由国外引进的种质如果无中文译名，可直接填写种质的外文名。

4.4 种质外文名

国外引进栎属种质的外文名，国内种质资源不填写。

4.5 科中文名

种质资源在植物分类学上的中文科名，如"壳斗科"。

4.6 科拉丁名

种质资源在植物分类学上的科的拉丁文，拉丁文用正体，如"Fagaceae"。

4.7 属中文名

种质资源在植物分类学上的中文属名，如"栎属"。

4.8 属拉丁名

种质资源在植物分类学上的属的拉丁文，拉丁文用斜体，如"*Quercus* L.*"。

4.9 种名或亚种名

种质资源在植物分类学上的中文种名或亚种名。

4.10 种拉丁名

种质资源在植物分类学上的拉丁文，拉丁文用斜体，属名+种加词+命名人。

4.11 原产地

国内栎属种质的原产县、乡、村名称。县名参照 GB/T 2260—2007 规范填写。

4.12 原产省

国内栎属种质原产省（自治区、直辖市）的名称，依照 GB/T 2260—2007 规范填写；国外引进的栎属种质填写原产国一级行政区的名称。

4.13 原产国家

栎属种质原产国的名称、地区名称或国际组织名称。国家和地区名称参照 ISO 3166 和 GB/T 2659 的规范填写，如该国家已不存在，应在原国家名称前加"原"字，如"原苏联"。

4.14 来源地

国内栎属种质的来源省（自治区、直辖市）、县名称，国外引进种质的来源国家、地区名称或国际组织名称。国家、地区和国际组织名称同 4.10，省和县名称参照 GB/T 2260—2007。

4.15 资源归类编码

采用国家自然科技资源共享平台编制的《自然科技资源共性描述规范》，依据其中"植物种质资源分级归类与编码表"中林木部分进行编码（11 位）。不能归并到末级的资源，可以归到上一级，后面补齐 000。如：栎属 11131117135、辽东栎 11131117137、栓皮栎为 11131117139，其他栎属植物统一为 11131117000。

4.16 资源类型

保存的栎属种质类型。

1　野生资源（群体、种源）
2　野生资源（家系）
3　野生资源（个体、基因型）
4　地方品种
5　选育品种
6　遗传材料
7　其他

4.17 主要特性

栎属种质资源的主要特性。

1　高产
2　优质
3　抗病
4　抗虫
5　抗逆

6 高效

  7 其他

4.18 主要用途

  栎属种质资源的主要用途。

  1 材用

  2 食用

  3 药用

  4 防护

  5 观赏

  6 其他

4.19 气候带

  栎属种质资源原产地所属气候带。

  1 热带

  2 亚热带

  3 温带

  4 寒温带

  5 寒带

4.20 生长习性

  栎属种质资源的生长习性。描述林木在长期自然选择中表现的生长、适应或喜好。如常绿乔木、直立生长、喜光、耐盐碱、喜水肥、耐干旱等。

4.21 开花结实特性

  栎属种质资源的开花和结实周期,如始花期、始果期、结果大小年周期、花期等。

4.22 特征特性

  栎属种质资源可识别或独特性的形态、特性,如叶掌形。

4.23 具体用途

  栎属种质资源具有的特殊价值和用途。如叶用栎属、材用栎属、种子可入药等。

4.24 观测地点

  栎属种质形态特征和生物学特性观测地点的名称。

4.25 繁殖方式

  栎属种质资源的繁殖方式,包括有性繁殖、无性繁殖等。

  1 有性繁殖(种子繁殖)

  2 有性繁殖(胎生繁殖)

  3　无性繁殖(扦插繁殖)

  4　无性繁殖(嫁接繁殖)

  5　无性繁殖(根繁)

  6　无性繁殖(分蘖繁殖)

  7　无性繁殖(组织培养/体细胞培养)

4.26　选育(采集)单位

选育栎属品种(系)的单位名称或个人/野生资源的采集单位或个人。

4.27　育成年份

栎属品种(系)培育成功的年份。例如"1980""2002"等。

4.28　海拔

栎属种质原产地的海拔高度,单位为 m。

4.29　经度

栎属种质原产地的经度,单位为(°)和(′)。格式为 DDDFF,其中 DDD 为度,FF 为分。东经为正值,西经为负值,例如,"12125"代表东经121°25′,"-10209"代表西经102°9′。

4.30　纬度

栎属种质原产地的纬度,单位为(°)和(′)。格式为 DDFF,其中 DD 为度,FF 为分。北纬为正值,南纬为负值,例如,"3208"代表北纬32°8′,"-2542"代表南纬25°42′。

4.31　土壤类型

栎属种质资源原产地的土壤条件,包括土壤质地、土壤名称、土壤酸碱度或性质等。

4.32　生态环境

栎属种质资源原产地的自然生态系统类型。

4.33　年均温度

栎属种质资源原产地的年平均温度,通常用当地最近气象台的近30~50年的年均温度,单位为℃。

4.34　年均降水量

栎属种质资源原产地的年均降水量,通常用当地最近气象台的近30~50年的年均降水量,单位为 mm。

4.35　图像

栎属种质的图像文件名,图像格式为 .jpg。图像文件名由统一编号加半连号"-"加序号加".jpg"组成。如有两个以上图像文件,图像文件名用英文分号分隔。图像对象主要包括植株、花、果实、特异性状等。图像要清晰,对象要突出。像素大于 3000×4000 像素。

4.36 记录地址

提供栎属种质资源详细信息的网址或数据库记录链接。

4.37 保存单位

栎属种质提交国家种质圃前的原保存单位名称。单位名称应写全称。

4.38 保存单位编号

栎属种质在原保存单位时赋予的种质编号。保存单位编号在同一保存单位应具有唯一性。

4.39 库编号

栎属种质资源在种质资源库或圃中的编号。

4.40 引种号

栎属种质资源从国外引入的编号。

4.41 采集号

在野外采集栎属种质时的编号。

4.42 保存时间

栎属种质资源被收藏单位收藏或保存的时间，以"年月日"表示，格式为"YYYYMMDD"。

4.43 保存材料类型

保存的栎属种质材料的类型。

    1 植株

    2 种子

    3 营养器官(穗条、块根、根穗、根鞭等)

    4 花粉

    5 培养物(组培材料)

    6 其他

4.44 保存方式

栎属种质资源保存的方式。

    1 原地保存

    2 异地保存

    3 设施(低温库)保存

4.45 实物状态

栎属种质资源实物的状态。

    1 良好

    2 中等

3　较差

4　缺失

4.46　共享方式

栎属种质资源实物的具体方式。

1　公益

2　公益借用

3　合作研究

4　知识产权交易

5　资源纯交易

6　资源租赁

7　资源交换

8　收藏地共享

9　行政许可

10　不共享

4.47　获取途径

获取栎属种质资源实物的途径。

1　邮递

2　现场获取

3　网上订购

4　其他

4.48　联系方式

获取栎属种质资源的联系方式。包括联系人、单位、邮编、电话、E-mail 等。

4.49　源数据主键

链接栎属种质资源特性树或详细信息的主键值。

4.50　关联项目

栎属种质资源收集、选育或整合的依托项目及编号，可写多个项目，用分号隔开。

5　形态特征和生物学特性

5.1　生活型

采用目测法，观察植株对综合生境条件长期适应而在形态上表现出的生长类型。

1 落叶乔木

2 常绿乔木

3 灌木

5.2 主干数

采用目测法，观察 3 株以上整个成龄植株主干的数目，单位为个。

1 1个

2 2~3个

3 >3个

5.3 冠形

选取成龄树，采用目测的方法，观测植株的树冠形状。

根据观察结果和参照树冠形状模式图及下列说明，确定种质的树冠形状。

1 宽卵球形

2 卵球形

3 窄卵球形

4 扁球形

5 球形

6 柱状

7 倒卵球形

5.4 植株高度

选取 30 株成龄植株(随机抽取，常规栽培管理，下同)，用测高器测量树高，求其平均值。单位为 m，精确到 0.1 m。

5.5 植株胸径

选取 30 株成龄植株(随机抽取，常规栽培管理)，在离地 1.3m 处用直径尺量取胸径，取其平均值，单位为 cm。

5.7 植株冠幅

选取 30 株成龄植株(随机抽取，常规栽培管理)，测定树木的南北和东西方向的宽度，取其平均值，单位为 cm。

5.8 植株主干姿态

采用目测法，观察 3 株以上整个成龄植株主干的形态。

1 通直

2 较直

3 微弯

4 弯曲

5.9 枝密度

自然状态下，采用目测法，观察成龄植株枝条生长的疏密状况。

1　疏

2　中

3　密

5.10　主干伸展姿态

在休眠期，采用目测法，观察 3 株以上植株主干的生长方向、发枝角度等，对比树型模式图，确定主干伸展姿态。

1　近直立

2　斜上伸展

3　斜展

4　斜平展

5　近平展

6　半下垂

7　下垂

5.11　主干表皮裂纹形态

采用目测法，选取成龄植株距地面 60~100 cm 处的树干为观测材料，观察主干表皮裂纹的形态。

1　近平滑

2　细纹

3　中粗纹

4　粗纹

5　块状

6　纵向条裂剥落

5.12　主干表皮栓质

选取成龄树，采用目测法，观察植株主干表皮是否有栓质。

1　否

2　是

5.13　主干树皮颜色

采用目测的方法，选取成龄植株距地面 60~100 cm 处的树干为观测材料，共观测 30 个枝条，在光照一致的条件下，观察栎属植株树干表皮的颜色。

根据观察结果，与 The Royal Horticultural Society's Colour Chart 标准色卡上相应代码的颜色进行比对，按照最大相似原则，确定种质的树干表皮颜色。

1　灰白

2　灰褐

3　灰

4　灰绿

5　灰黑

5.14　树皮木栓层

采用目测法,选取成龄植株距地面 60~100 cm 处的树干为观测材料,观察树皮的木栓层是否发达。

1　不发达

2　发达

5.15　1 年生枝冬季表皮颜色

采用目测法,冬季选取正常生长的健壮植株树冠中上部 1 年生枝中部作为观测材料,共观测 30 个枝条,在光照一致的条件下,观察 1 年生枝冬季表皮的颜色。

根据观察结果,与 The Royal Horticultural Society's Colour Chart 标准色卡上相应代码的颜色进行比对,按照最大相似原则,确定种质的 1 年生枝冬季表皮颜色。

1　灰白

2　绿

3　灰绿

4　灰黄

5　褐红

6　灰

7　灰黑

5.16　1 年生枝表皮毛

采用目测法,冬季选取正常生长的健壮植株树冠中上部 1 年生枝中部作为材料,观察 1 年生枝表皮被毛的疏密程度。

1　无或近无

2　疏

3　中

4　密

5　很密

5.17　1 年生枝顶芽数量

采用目测法,冬季选取正常生长的健壮植株树冠中上部 1 年生枝中部作为观测材料,共观测 30 个枝条,观察 1 年生枝顶芽的数量,单位为个。

1　仅 1 个

2　少(2~3 个)

  3 中(4个)

  4 多(5个)

5.18 1年生枝节间长度

  冬季选取正常生长的健壮植株树冠中上部 1 年生枝中部作为观测材料，共观测 30 个枝条，采用刻度尺测量节间长度，取其平均值，单位为 cm。

  1 短(<2.0 cm)

  2 中(2.0~9.0 cm)

  3 长(>9.0 cm)

5.19 当年生枝皮孔密度

  采用目测法，夏季选取正常生长的健壮植株树冠中上部当年生枝中部作为观测材料，观察当年生枝皮孔的疏密程度，单位为个/cm²。

  1 无或近无

  2 疏(1~2 个/cm²)

  3 中(3~5 个/cm²)

  4 密(6~10 个/cm²)

  5 很密(>10 个/cm²)

5.20 当年生枝表皮颜色

  采用目测法，夏季选取正常生长的健壮植株树冠中上部当年生枝中部作为观测材料，共观测 30 个枝条，在光照一致的条件下，观察当年生枝表皮的颜色。

  根据观察结果，与 The Royal Horticultural Society's Colour Chart 标准色卡上相应代码的颜色进行比对，按照最大相似原则，确定种质的当年生枝的表皮颜色。

  1 浅绿

  2 中绿

  3 深绿

  4 黄绿

  5 褐绿

  6 灰白

  7 灰黄

  8 红褐

5.21 当年生枝扭曲

  采用目测法，夏季选取正常生长的健壮植株树冠中上部当年生枝中部作为观测材料，观察当年生枝形态是否扭曲。

1　否

2　是

5.22　冬芽形状

采用目测法，冬季选取正常生长的健壮栎属种质树冠中上部 1 年生枝顶端饱满的冬芽为观测材料，观察冬芽的外部形状。

1　宽卵球

2　卵球

3　窄卵球

4　近球

5.23　顶芽数

采用目测法，以成龄树茎轴顶端形成的芽为观测材料，观察栎属种质顶芽的数目，单位为个。

1　少(1~2 个)

2　中(3~4 个)

3　多(>4 个)

5.24　顶芽长度

以成龄栎属种质茎轴顶端形成的芽为观测材料，共观测 30 个顶芽，采用游标卡尺测量顶芽纵向最大长度，取其平均值。单位为 cm，精确到 0.1cm。

5.25　顶芽宽度

以成龄栎属种质茎轴顶端形成的芽为观测材料，共观测 30 个顶芽，采用游标卡尺测量顶芽横向最大处宽度，取其平均值。单位为 cm，精确到 0.1cm。

5.26　叶片外轮廓形状

夏季选取正常生长的健壮栎属种质树冠中上部当年生枝中部的成熟叶为观测材料，共观测 30 个叶片，观察叶片外部轮廓的形状。

根据观察结果和参照叶形模式图，确定种质的叶形。

1　卵圆形

2　窄卵圆形

3　披针形

4　近圆形

5　椭圆形

6　近条形

7　倒三角形

8　倒卵圆形

9　窄倒卵形

10　倒披针形

5.27　叶片大小

采用目测法，夏季选取正常生长的健壮栎属种质树冠中上部当年生枝中部的成熟叶为观测材料，共观测 30 个叶片，观察叶片的大小。

1　很小

2　小

3　中

4　大

5　很大

5.28　叶片长度

夏季选取正常生长的健壮栎属种质树冠中上部当年生枝中部的成熟叶为观测材料，共观测 30 个叶片，采用游标卡尺测量叶面纵向最大长度，取其平均值。单位为 cm，精确到 0.1 cm。

5.29　叶片宽度

夏季选取正常生长的健壮栎属种质树冠中上部当年生枝中部的成熟叶为观测材料，共观测 30 个叶片，采用游标卡尺测量叶面横向最大处宽度，取其平均值。单位为 cm，精确到 0.1 cm。

5.30　叶片质地

根据平均叶片厚度，参照标准，确定种质叶片的质地。

1　纸质

2　半革质

3　革质

5.31　叶片表面光泽强度

夏季选取正常生长的健壮栎属种质树冠中上部当年生枝中部的成熟叶为观测材料，共观测 30 个叶片，采用目测法，在光照一致的条件下，观察叶片表面的光泽强度。

1　无或近无

2　弱

3　中

4　强

5.35　叶片背面毛类型

夏季选取正常生长的健壮栎属种质树冠中上部当年生枝中部的成熟叶为观测材料，采用目测法，观察叶片背面被毛的类型。

1　纤毛

　2　柔毛

　3　毡毛

　4　簇毛

　5　腺毛

5.36　叶片背面毛颜色

　　夏季选取正常生长的健壮栎属种质树冠中上部当年生枝中部的成熟叶为观测材料，采用目测法，共观测 30 个叶片，在光照一致的条件下，观察叶片背面被毛的颜色。

　　根据观察结果，与 The Royal Horticultural Society's Colour Chart 标准色卡上相应代码的颜色进行比对，按照最大相似原则，确定种质的叶片背面毛的颜色。

　1　灰白

　2　灰黄

　3　黄褐

　4　灰褐

5.38　叶片叶缘形态

　　夏季选取正常生长的健壮栎属种质树冠中上部当年生枝中部的成熟叶为观测材料，采用目测法，观察叶片边缘的形态特征。

　1　近全缘

　2　疏浅锯齿

　3　圆钝锯齿

　4　细锯齿

　5　粗锯齿

　6　波状齿

　7　裂片状锯齿

　8　羽状裂片

5.39　叶缘锯齿深度

　　夏季选取正常生长的健壮栎属种质树冠中上部当年生枝中部的成熟叶为观测材料，采用目测法，观察叶片边缘锯齿的深浅。

　1　无或近无

　2　浅

　3　中

　4　深

　5　很深

5.40　叶片锯齿间距离(仅对波状和裂片状品种)

针对波状和裂片品种，夏季选取正常生长的健壮栎属种质树冠中上部当年生枝中部的成熟叶为观测材料，共观测 30 个叶片，采用游标卡尺测量叶片锯齿之间的距离，取其平均值。单位为 mm，精确到 0.1 mm。

根据平均叶片锯齿间距离长短，参照标准，确定种质叶锯齿间距离。

　　1　短(<5 个)

　　2　中(5~15 个)

　　3　长(>15 个)

5.41　叶缘锯齿数量

夏季选取正常生长的健壮栎属种质树冠中上部当年生枝中部的成熟叶为观测材料，采用目测法，共观测 30 个叶片，观察叶片边缘锯齿的数目，取其平均值，单位为对。

根据平均叶片边缘锯齿数目，参照标准，确定种质叶缘锯齿数量。

　　1　无或近无

　　2　少(<4 对)

　　3　中(4~8 对)

　　4　多(9~15 对)

　　5　很多(>15 对)

5.42　叶缘锯齿上部形状

夏季选取正常生长的健壮栎属种质树冠中上部当年生枝中部的成熟叶为观测材料，采用目测法，共观测 30 个叶片，观察叶片边缘锯齿上部的形态特征。

　　1　圆钝

　　2　尖锐

5.43　叶缘锯齿顶端芒刺

夏季选取正常生长的健壮栎属种质树冠中上部当年生枝中部的成熟叶为观测材料，采用目测法，共观测 30 个叶片，观察叶片边缘锯齿顶端是否有芒刺。

　　1　无

　　2　有

5.44　叶片顶端形状

夏季选取正常生长的健壮栎属种质树冠中上部当年生枝中部的成熟叶为观测材料，采用目测法，观察叶片远离茎杆一端的形态特征。

根据观察结果和参照叶尖形状模式图，确定种质的叶片顶端形状。

1　凹

2　圆钝

3　突尖

4　锐尖

5　渐尖

5.45　叶片基部形状

夏季选取正常生长的健壮栎属种质树冠中上部当年生枝中部的成熟叶为观测材料，采用目测法，观察叶片靠近茎杆一端的形态特征。

根据观察结果和参照叶基形状模式图，确定种质的叶片基部形状。

1　窄楔形

2　中楔形

3　宽楔形

4　平截形

5　圆形

6　浅心形

7　心形

8　浅耳形

9　耳形

5.46　叶片复色

夏季选取正常生长的健壮栎属种质树冠中上部当年生枝中部的成熟叶为观测材料，采用目测法，观察叶片是否为复色。

1　否

2　是

5.47　新叶上表面主色

生长季选取当年生枝顶端完全展开的新生叶作为观测材料，采用目测法，共观测 30 个叶片，在光照一致的条件下，观察叶片上表面的主要颜色。

根据观察结果，与 The Royal Horticultural Society's Colour Chart 标准色卡上相应代码的颜色进行比对，按照最大相似原则，确定种质的新叶上表面主色。

1　浅绿

2　中绿

3　黄绿

4　黄

5　橙黄

　　6　橙红

　　7　褐红

　　8　紫红

　　9　红褐

　　10　褐

5.48　成熟叶上表面主色

　　生长季选取当年生枝顶端完全展开的成熟叶作为观测材料，采用目测法，共观测 30 个叶片，在光照一致的条件下，观察叶片上表面的主要颜色。

　　根据观察结果，与 The Royal Horticultural Society's Colour Chart 标准色卡上相应代码的颜色进行比对，按照最大相似原则，确定种质的成熟叶上表面主色。

　　1　浅绿

　　2　中绿

　　3　深绿

　　4　黄绿

　　5　灰绿

　　6　黄

　　7　红

　　8　紫红

　　9　红褐

5.49　成熟叶下表面主色

　　生长季选取当年生枝顶端完全展开的成熟叶作为观测材料，采用目测法，共观测 30 个叶片，在光照一致的条件下，观察叶片下表面的主要颜色。

　　根据观察结果，与 The Royal Horticultural Society's Colour Chart 标准色卡上相应代码的颜色进行比对，按照最大相似原则，确定种质的成熟叶下表面主色。

　　1　灰白

　　2　浅绿

　　3　中绿

　　4　深绿

　　5　黄绿

　　6　浅灰绿

　　7　灰绿

　　8　黄

5.50 叶片秋季季相主色

秋季叶片颜色发生季相变化中期，选取当年生枝的上部叶作为观测材料，采用目测法，共观测 30 个叶片，在光照一致的条件下，观察叶片主要的颜色。

根据观察结果，与 The Royal Horticultural Society's Colour Chart 标准色卡上相应代码的颜色进行比对，按照最大相似原则，确定种质的叶片秋季季相主色。

    1   中绿

    2   深绿

    3   黄绿

    4   黄

    5   橙黄

    6   橙红

    7   紫红

    8   褐红

    9   黄褐

5.51 叶片次色部位(仅对复色叶品种)

针对复色叶品种，选取当年生枝的上部叶作为观测材料，采用目测法，共观测 30 个叶片，观察叶片次色的部位。

    1   边缘线形

    2   边缘

    3   中部

    4   沿叶脉

    5   散布

    6   不规则

5.52 叶片次色颜色(仅对复色叶品种)

针对复色叶品种，选取当年生枝的上部叶作为观测材料，采用目测法，共观测 30 个叶片，观察叶片次色的颜色。

根据观察结果，与 The Royal Horticultural Society's Colour Chart 标准色卡上相应代码的颜色进行比对，按照最大相似原则，确定种质的叶次色颜色。

    1   白

    2   浅黄

    3   黄

    4   黄绿

5 灰绿

5.53 叶柄长度

生长季选取当年生枝顶端完全展开的成熟叶作为观测材料，共观测 30 个叶片，采用游标卡尺测量其叶柄长度，求其平均值。单位为 mm。

5.54 叶柄粗度

生长季选取当年生枝顶端完全展开的成熟叶作为观测材料，共观测 30 个叶片，采用游标卡尺测量其叶柄最宽处直径，求其平均值。单位为 mm。

5.55 雄花花期

雄花花芽萌动至散粉所经历的天数，单位为 d。

5.56 雌花花期

雌花花芽萌动至授粉所经历的天数，单位为 d。

5.57 果实形状

选取果熟初期正常生长的健壮植株树冠中上部果枝上部的坚果作为观测材料，采用目测法观察果实形状。

根据观察结果和参照果实形状模式图，确定种质实的形状。

1 卵球

2 扁球

3 球

4 椭球

5.58 果实大小

选取果熟初期正常生长的健壮植株树冠中上部果枝上部的坚果作为观测材料，共观测 30 个果实，采用目测法，观察果实的大小，单位为 g。

1 小(<5 g)

2 中(5~15 g)

3 大(>15 g)

5.59 种实长度

选取果熟初期正常生长的健壮植株树冠中上部果枝上部的种实作为观测材料，共观测 30 个种实，用游标卡尺测量种实的长度，测量时从基部量至顶端，并求其平均值。单位为 cm，精确到 0.1 cm。

5.60 种实宽度

选取果熟初期正常生长的健壮植株树冠中上部果枝上部的种实作为观测材料，共观测 30 个种实，用游标卡尺测量种实的横径长度，测量时量取最宽处直径，并求其平均值。单位为 cm，精确到 0.1 cm。

5.61 壳斗包被坚果比例

选取果熟初期正常生长的健壮植株树冠中上部果枝上部的果实作为观测

材料，共观测 30 个果实，采用目测法观察壳斗包被坚果的比例。

  1 ≤1/4

  2 1/4~1/3

  3 1/3~1/2

  4 1/2~2/3

  5 2/3~3/4

  6 ≥3/4

5.62 果柄长度

  选取果熟初期正常生长的健壮植株树冠中上部果枝上部的果实作为观测材料，共观测 30 个果实，采用游标卡尺测量其果柄的长度，求其平均值。单位为 cm，精确到 0.1 cm。

5.63 壳斗高度

  选取果熟初期正常生长的健壮植株树冠中上部果枝上部的坚果壳斗作为观测材料，共观测 30 个果实，采用游标卡尺测量壳斗的高度，测量时从基部量至顶端，求其平均值。单位为 cm，精确到 0.1 cm。

5.64 壳斗直径

  选取果熟初期正常生长的健壮植株树冠中上部果枝上部的坚果壳斗作为观测材料，共观测 30 个壳斗，采用游标卡尺测量壳斗的直径，测量时量取最宽处直径，求其平均值。单位为 cm，精确到 0.1 cm。

5.65 壳斗形状

  选取果熟初期正常生长的健壮植株树冠中上部果枝上部的坚果壳斗作为观测材料，采用目测法观察壳斗的形状。

   1 近碟状

   2 浅碗状

   3 碗状

   4 坛状

5.66 壳斗苞片形状

  选取果熟初期正常生长的健壮植株树冠中上部果枝上部的坚果壳斗作为观测材料，采用目测法观察壳斗苞片的形状。

   1 三角形

   2 窄卵圆形

   3 菱形

   4 披针形

   5 条形

6　线形

7　扇形

5.67　壳斗苞片疣状

选取果熟初期正常生长的健壮植株树冠中上部果枝上部的坚果壳斗作为观测材料，采用目测法观察壳斗苞片是否有疣状。

1　否

2　是

5.68　壳斗边缘

选取果熟初期正常生长的健壮植株树冠中上部果枝上部的坚果壳斗作为观测材料，采用目测法观察壳斗边缘的形态。

1　延伸贴紧坚果

2　增厚

5.69　坚果表面颜色

选取果熟初期正常生长的健壮植株树冠中上部果枝上部的坚果作为观测材料，共观测30个坚果，在一致的光照条件下，采用目测法观察坚果表面的颜色。

根据观察结果，与 The Royal Horticultural Society's Colour Chart 标准色卡上相应代码的颜色进行比对，按照最大相似原则，确定坚果表面的颜色。

1　绿

2　黄绿

3　褐绿

4　紫褐

5.70　坚果表面纹饰明显

选取果熟初期正常生长的健壮植株树冠中上部果枝上部的坚果作为观测材料，共观测30个坚果，采用目测法观察坚果表面的纹饰是否明显。

1　否

2　是

5.71　坚果表面毛

选取果熟初期正常生长的健壮植株树冠中上部果枝上部的坚果作为观测材料，共观测30个坚果，采用目测法观察坚果表面是否被毛。

1　无

2　有

5.72　坚果顶端形状

选取果熟初期正常生长的健壮植株树冠中上部果枝上部的坚果作为观测

材料，共观测 30 个坚果，采用目测法观察坚果远离生长部位一端的形状。

    1   凹

    2   平截

    3   圆钝

    4   锐尖

    5   突尖

5.73 坚果千粒重

选取果熟初期正常生长的健壮植株树冠中上部果枝上部的坚果作为观测材料，随机数出 3 个 1 000 粒坚果，采用电子天平分别称重，求其平均值，单位为 g，精确到 0.1 g。

5.74 单株结实量

选取果熟初期正常生长的健壮植株整株的果实作为观测材料，共观测 3 棵植株，采用电子天平测量单株果实的重量，求其平均值。单位 g，精确到 0.1 g。

5.75 种子千粒重

选取正常生长的健壮植株种子作为观测材料，随机数出 3 个 1 000 粒种子，采用电子天平分别称重，求其平均值，单位为 g，精确到 0.1 g。

5.76 发芽率

选取正常生长的健壮植株种子作为观测材料，随机抽样选取 100 粒种子进行发芽试验，发芽终期在规定日期内的全部正常发芽种子数占测试种子总数的百分比，单位为%。

5.77 萌动日期

于早春采取目测的方法，观察并记录 10% 的 1 年生枝顶端的冬芽开始裂口的日期。以"某月某日"表示。

根据观察结果和对比标准品种萌动期，确定种质萌动期的早晚。

    1   早 （≤3 月 10 日）

    2   中 （3 月 11 日~3 月 31 日）

    3   晚 （4 月 1 日~4 月 15 日）

5.78 新叶色彩持续期

采取目测的方法，观察并记录当年生枝或 1 年生枝顶端的新梢自幼叶显色至变为正常颜色之间的天数。

根据观察结果和对比标准品种持续天数，确定种质新叶色彩持续期的长短。

    1   短

2　中

3　长

5.79　秋季叶变色期

采取目测的方法，秋季观测并记录树冠外部阳面 10% 树叶开始变色质的日期。以"某月某日"表示。

根据观察结果和对比标准品种秋季叶变色期，确定种质秋季叶变色期的早晚。

1　早

2　中

3　晚

5.80　秋季叶色持续期

采取目测的方法，秋季观测并记录树冠外部阳面 10% 树叶开始变色至变褐或落叶的天数。

根据观察结果和对比标准品种持续天数，确定种质秋季叶持续期的长短。

1　短

2　中

3　长

5.81　落叶期

采取目测的方法，秋季观测并记录树冠 50% 树叶开始脱落的日期。以"某月某日"表示。

根据观察结果和对比标准品种落叶期，确定种质落叶期的早晚。

1　早

2　中

3　晚

4　很晚

5　近无落叶期

6　品质特性

6.1　果实出仁率

采收果熟初期正常生长的健壮植株树冠中上部果枝上部的果实 30 个，采用电子天平分别称取果实质量和果仁质量，求平均值，果仁质量/果实质量×100% 为果实出仁率，单位为%。

6.2　果实淀粉含量

采收果熟初期正常生长的健壮植株树冠中上部果枝上部的果实 30 个，果实充分洗净后作为测定营养成分的样品，用紫外—可见分光光度计测定其淀粉的含量，单位为 g/kg。

6.3　果实蛋白质含量

　　采收果熟初期正常生长的健壮植株树冠中上部果枝上部的果实 30 个，果实充分洗净后作为测定营养成分的样品，用高锰酸钾滴定法，用滴定仪全自动凯氏定氮仪测定其蛋白质的含量，单位为 g/100g。

6.4　果实脂肪含量

　　采收果熟初期正常生长的健壮植株树冠中上部果枝上部的果实 30 个，果实充分洗净后作为测定营养成分的样品，参考 GB/T 5009.6—2016 用索氏抽提法测定其果实脂肪的含量，单位为 g/100g。

6.5　果实氨基酸总含量

　　采收果熟初期正常生长的健壮植株树冠中上部果枝上部的果实 30 个，果实充分洗净后作为测定营养成分的样品，用高效液相色谱仪测定其果实氨基酸的含量，单位为 mg/100g。

6.6　果实脯氨酸含量

　　采收果熟初期正常生长的健壮植株树冠中上部果枝上部的果实 30 个，果实充分洗净后作为测定营养成分的样品，用高效液相色谱仪测定其果实脯氨酸的含量，单位为 mg/100g。

6.7　果实天冬氨酸含量

　　采收果熟初期正常生长的健壮植株树冠中上部果枝上部的果实 30 个，果实充分洗净后作为测定营养成分的样品，用高效液相色谱仪测定其果实天冬氨酸的含量，单位为 mg/100g。

6.8　果实精氨酸含量

　　采收果熟初期正常生长的健壮植株树冠中上部果枝上部的果实 30 个，果实充分洗净后作为测定营养成分的样品，用高效液相色谱仪测定其果实精氨酸的含量，单位为 mg/100g。

6.9　果实微量元素含量

　　采收果熟初期正常生长的健壮植株树冠中上部果枝上部的果实 30 个，果实充分洗净后作为测定营养成分的样品，用原子吸收光谱法测定其果实中微量元素的总含量，单位为 mg/100g。

6.10　果实铁含量

　　采收果熟初期正常生长的健壮植株树冠中上部果枝上部的果实 30 个，果实充分洗净后作为测定营养成分的样品，用原子吸收光谱法测定其可溶性铁的含量，单位为 mg/100g。

6.11 果实锌含量

采收果熟初期正常生长的健壮植株树冠中上部果枝上部的果实 30 个，果实充分洗净后作为测定营养成分的样品，用原子吸收光谱法测定其可溶性锌的含量，单位为 mg/100g。

6.12 果实铜含量

采收果熟初期正常生长的健壮植株树冠中上部果枝上部的果实 30 个，果实充分洗净后作为测定营养成分的样品，用原子吸收光谱法测定其可溶性铜的含量，单位为 mg/100g。

6.13 种仁淀粉含量

采收果熟初期正常生长的健壮植株树冠中上部果枝上部的果实 30 个，果实晒干后去壳得到种仁作为测定营养成分的样品，用紫外—可见分光光度计测定其淀粉的含量，单位为 g/100g。

6.14 湿面筋含量

采用 GB/T 14608—1993 法测定栎属植株籽粒的湿面筋含量，单位为%。

6.15 叶片总糖含量

生长季选取当年生枝顶端完全展开、无病虫害的成熟叶 30 片作为测定营养成分的样品，用紫外—可见分光光度计测定其叶片总糖的含量，单位为 mg/100g。

6.16 叶片还原糖含量

生长季选取当年生枝顶端完全展开、无病虫害的成熟叶 30 片作为测定营养成分的样品，用紫外—可见分光光度计测定其叶片还原糖的含量，单位为 mg/100g。

6.17 叶片粗脂肪含量

生长季选取当年生枝顶端完全展开、无病虫害的成熟叶 30 片作为测定营养成分的样品，参考 GB/T 5009.6—2016 用索氏抽提法测定其叶片粗脂肪的含量，单位为 g/100g。

6.18 叶片粗纤维含量

生长季选取当年生枝顶端完全展开、无病虫害的成熟叶 30 片作为测定营养成分的样品，采用稀硫酸去除样品中的糖、淀粉、果胶质等物质，热碱去除蛋白质、脂肪，再用乙醇和乙醚处理以除去单宁、色素及残余脂肪的方法，得残渣即为粗纤维，单位为 g/100g。

6.19 叶片粗蛋白含量

生长季选取当年生枝顶端完全展开、无病虫害的成熟叶 30 片作为测定营养成分的样品，用高锰酸钾滴定法，用滴定仪全自动凯氏定氮仪测定其蛋白质的含量，单位为 g/100g。

6.20 叶片灰分含量

生长季选取当年生枝顶端完全展开、无病虫害的成熟叶 30 片作为测定营养成分的样品，称取试样后，以小火加热使试样充分炭化至无烟，然后置于马弗炉中，在 550±25℃ 灼烧 4 h。冷却至 200℃ 左右，取出，放入干燥器中冷却 30 min，重复灼烧至恒重，计算灰分含量，单位为 g/100g。

6.21 叶片全氮含量

生长季选取当年生枝顶端完全展开、无病虫害的成熟叶 30 片作为测定营养成分的样品，采用靛酚蓝比色法测定其叶片全氮含量，单位为 g/100g。

6.22 叶片全磷含量

生长季选取当年生枝顶端完全展开、无病虫害的成熟叶 30 片作为测定营养成分的样品，采用钒钼黄比色法测定其叶片全磷含量，单位为 g/100g。

6.23 叶片全钾含量

生长季选取当年生枝顶端完全展开、无病虫害的成熟叶 30 片作为测定营养成分的样品，采用火焰光度计法测定其叶片全钾含量，单位为 g/100g。

6.24 硝酸还原酶活性

选取 20 株栎属种质样木，在树冠中部东、西、南、北方向剪取穗条，采集 160 个样品，将穗条插入 50 mmol/L 的 KNO_3 溶液中，先暗诱导 12 h，再光诱导 12 h。采用活体法进行测定，硝酸还原酶活性可由植物体内产生的亚硝态氮的量表示。单位为：$\mu g/(g \cdot h)$。

6.25 可溶性蛋白含量

选取 20 株栎属种质样木，在树冠中部东、西、南、北方向剪取穗条，采集 160 个样品，采用考马斯亮蓝 G-250 染色法测定可溶性蛋白含量，单位为 mg/g。

6.26 叶绿素含量

选取 20 株栎属种质样木，在树冠中部东、西、南、北方向剪取穗条，采集 160 个叶片样品，采用无水乙醇提取法提取叶绿素以及用比色法测定叶绿素的含量，单位为 mg/g。

6.27 木材基本密度

按照 GB/T 1933—1991 中具体方法进行测定。单位为 g/cm^3，精确到 $0.001\ g/cm^3$。

根据测定结果及下列标准，确定栎属种质木材的全干材重量除以饱和水分时木材的体积为基本密度与生材木材体积的比值，即为栎属种质木材基本密度。

6.28 木材纤维长度

采用显微镜测定法或近红外光谱技术测定栎属种质木材纤维的长度，单位为 mm，精确到 0.1 mm。

6.29 木材纤维宽度

采用显微镜测定法或近红外光谱技术测定栎属种质木材纤维的宽度，单位为 μm，精确到 0.1 μm。

6.30 木材纤维长宽比

采用显微镜测定法或近红外光谱技术测定栎属种质木材纤维的长度和宽度，纤维长宽比=纤维长度/纤维宽度。

6.31 木材纤维含量

栎属木材纤维的含量，单位为%。

6.32 木材造纸得率

栎属木材用于造纸的得率，单位为%。

6.33 木材顺压强度

按照 GB/T 1935—1991 在 MW-4 型万能木材力学试验机上测定。单位为 MPa，精确到 0.1 MPa。

根据测定结果及下列标准，确定栎属种质木顺纹抗压强度的大小。

1　高(顺纹抗压强度≥50 MPa)

2　较高(40 MPa≤顺纹抗压强度<50 MPa)

3　中(30 MPa≤顺纹抗压强度<40 MPa)

4　较低(20 MPa≤顺纹抗压强度<30 MPa)

5　低(顺纹抗压强度<20 MPa)

6.34 木材抗弯强度

按照 GB/T 1936.1—2009 在 MW-4 型万能木材力学试验机上测定。单位为 MPa，精确到 0.1 MPa。

根据测定结果及下列标准，确定栎属种质木材抗弯强度的大小。

1　高(抗弯强度≥15 MPa)

2　较高(10 MPa≤抗弯强度<15 MPa)

3　中(8 MPa≤抗弯强度<10 MPa)

4　较低(6 MPa≤抗弯强度<8 MPa)

5　低(抗弯强度<6 MPa)

6.35 木材干缩系数

沿树干方向自嫁接口以上 0.5 m 处开始，每隔 1 m 取一木段，一般取 3~4 个木段。沿平行于树干尖削度的方向锯出数根试条，试条厚度不小于 35

mm。在室内堆放成通风较好的木垛，进行大气干燥，达到平衡含水率厚，按照国家标准 GB/T 1927—1943—1991《木材物理力学性质试验方法》测定并计算栎属木材的体积全干缩率。单位为%，精确度 0.1%。

根据测定结果，确定栎属种质木材干燥时体积收缩率与纤维饱和点之比值，即为栎属木材干缩系数。

6.36　木材弹性模量

按照 GB/T 1936.2—1991 在试验机上测定。单位为 MPa，精确到 10 MPa。

根据测定结果，确定栎属种质木材在弹性变形阶段，其弹性模量。

6.37　木材硬度

按照 GB/T 1941—2009 在试验机和电触型硬度试验设备上测定。单位为 N，精确到 10 N。

根据测定结果，确定栎属种质木材的硬度。

1　硬

2　中

3　软

6.38　栎属木材冲击韧性

按照 GB/T 1940—2009 在摆锤式冲击试验机上测定。单位为 kJ/m^2，精确到 $1 \ kJ/m^2$。

根据测定结果，确定栎属种质木材抵抗冲击荷载的能力。

1　强

2　中

3　差

7　抗逆性

7.1　耐旱性

耐旱性鉴定采用断水法(参考方法)。

取 30 株栎属种质 1 年生实生苗，无性系种质间的抗旱性比较试验要用同一类型砧木的嫁接苗。将小苗栽植于容器中，同时耐旱性强、中、弱各设对照。待幼苗长至 30 cm 左右时，人为断水，待耐旱性强的对照品种出现中午萎蔫、早晚舒展时，恢复正常管理。并对试材进行受害程度调查，确定每株试材的受害级别，根据受害级别计算受害指数，再根据受害指数的大小评价栎属种质的抗旱能力。根据旱害症状将旱害级别分为 6 级。

级别　旱害症状

0 级　无旱害症状

1 级　叶片萎蔫<25%

2 级　25%≤叶片萎蔫<50%

3 级　50%≤叶片萎蔫<75%

4 级　叶片萎蔫≥75%，部分叶片脱落

5 级　植株叶片全部脱落

根据旱害级别计算旱害指数，计算公式为：

$$DI = \frac{\sum (x \cdot n)}{X \cdot N} \times 100$$

式中：DI——旱害指数

　　　x——旱害级数

　　　n——受害株数

　　　X——最高旱害级数

　　　N——受旱害的总株数

根据旱害指数及下列标准确定栎属种质的抗旱能力。

　　1　强(旱害指数<35.0)

　　2　中(35.0≤旱害指数<65.0)

　　3　弱(旱害指数≥65.0)

7.2　耐涝性

耐涝性鉴定采用水淹法(参考方法)。

春季将层积好的供试种子播种在容器内，每份种质播 30 粒，播后进行正常管理；测定无性系种质的耐涝性，要采用同一类型砧木的嫁接苗。耐涝性强、中、弱的种质各设对照。待幼苗长至 30cm 左右时，往容器内灌水，使试材始终保持水淹状态。待耐涝性中等的对照品种出现涝害时，恢复正常管理。对试材进行受害程度调查，分别记录栎属种质每株试材的受害级别，根据受害级别计算受害指数，再根据受害指数大小评价各种质的耐涝能力。根据涝害症状将涝害分为 6 级。

级别　涝害症状

0 级　无涝害症状，与对照无明显差异

1 级　叶片受害<25%，少数叶片的叶缘出现棕色

2 级　25%≤叶片受害<50%，多数叶片的叶缘出现棕色

3 级　50%≤叶片受害<75%，叶片出现萎蔫或枯死<30%

4 级　叶片受害≥75%，30%≤枯死叶片<50%

5级　全部叶片受害，枯死叶片≥50%

根据涝害级别计算涝害指数，计算公式为：

$$WI = \frac{\sum (x \cdot n)}{X \cdot N} \times 100$$

式中：WI——涝害指数

x——涝害级数

n——各级涝害株数

X——最高涝害级数

N——总株数

根据涝害指数及下列标准，确定种质的耐涝程度。

1　强(涝害指数<35.0)

2　中(35.0≤涝害指数<65.0)

3　弱(涝害指数≥65.0)

7.3 耐寒性

耐寒性鉴定采用人工冷冻法(参考方法)。

在深休眠的1月，从栎属种质成龄结果树上剪取中庸的结果母枝30条，剪口蜡封后置于-25℃冰箱中处理24 h，然后取出，将枝条横切，对切口进行受害程度调查，记录枝条的受害级别。根据受害级别计算栎属种质的受害指数，再根据受害指数大小评价某种质的抗寒能力。抗寒级别根据寒害症状分为6级。

级别　寒害症状

0级　无冻害症状，与对照无明显差异

1级　枝条木质部变褐部分<30%

2级　30%≤枝条木质部变褐部分<50%

3级　50%≤枝条木质部变褐部分<70%

4级　70%≤枝条木质部变褐部分<90%

5级　枝条基本全部冻死

根据寒害级别计算冻害指数，计算公式为：

$$CI = \frac{\sum (x \cdot n)}{X \cdot N} \times 100$$

式中：CI——冻害指数

x——受冻级数

n——各级受冻枝数

X——最高级数

N——总枝条数

根据冻害指数及下列标准确定栎属种质的抗寒能力。

    1   强(寒害指数<35.0)

    2   中(35.0≤寒害指数<65.0)

    3   弱(寒害指数≥65.0)

7.4 耐盐碱能力

耐盐碱能力鉴定采用咸水灌溉法(参考方法)。

春季将供试种子播种在容器内,每份种质播30粒,播后进行正常管理;测定无性系种质的耐盐碱能力,要采用同一类型砧木的嫁接苗。耐盐碱能力强、中、弱的种质各设对照。待幼苗长至30cm左右时,往容器内灌咸水,使试材始终保持水淹状态。待耐盐碱能力中等的对照品种出现盐害时,恢复正常管理。对试材进行受害程度调查,分别记录栎属种质每株试材的受害级别,根据受害级别计算受害指数,再根据受害指数大小评价各种质的耐盐碱能力。根据涝害症状将涝害分为6级。

级别   盐害症状

0级   无盐害症状,与对照无明显差异

1级   叶片受害<25%,少数叶片的叶缘出现褐色

2级   25%≤叶片受害<50%,多数叶片的叶缘出现褐色

3级   50%≤叶片受害<75%,叶片出现萎蔫或枯死<30%

4级   叶片受害≥75%,30%≤枯死叶片<50%

5级   全部叶片受害,枯死叶片≥50%

根据盐害级别计算盐害指数,计算公式为:

$$WI = \frac{\sum (x \cdot n)}{X \cdot N} \times 100$$

式中:*WI*——盐害指数

    x——盐害级数

    n——各级盐害株数

    X——最高盐害级数

    N——总株数

根据盐害指数及下列标准,确定种质的耐盐碱程度。

    1   强(盐害指数<35.0)

    2   中(35.0≤盐害指数<65.0)

    3   弱(盐害指数≥65.0)

7.5 抗晚霜能力

抗晚霜能力鉴定采用人工制冷法(参考方法)。

春季芽萌出后,从成龄栎属种质结果树上剪取中庸的结果母枝 30 条,剪口蜡封后置于-5~-2℃冰箱中处理 6 h,取出放入 10~20℃室内保湿,24 h 后调查其受害程度,调查每份种质的每一枝条上萌动花芽或新梢的受害级别,根据受害级别计算各种质的受害指数,再根据受害指数的大小评价各种质的抗晚霜能力。抗晚霜能力的级别根据花芽受冻症状分为 6 级。

级别　受害症状

0 级　无受害症状,与对照对比无明显差异

1 级　花芽或新梢颜色变褐部分<30%

2 级　30%≤花芽或新梢颜色变褐部分<50%

3 级　50%≤花芽或新梢颜色变为深褐部分<70%

4 级　70%≤花芽或新梢颜色变为深褐色部分<90%

5 级　花芽或新梢全部受冻害,枝条枯死

根据母枝受冻症状级别计算受冻指数,计算公式为:

$$CI = \frac{\sum (x \cdot n)}{X \cdot N} \times 100$$

式中：CI——受冻指数

x——受冻级数

n——各级受冻枝数

X——最高受冻级数

N——总枝条数

种质抗晚霜能力根据受冻指数及下列标准确定。

1　强(受冻指数<35.0)

2　中(35.0≤受冻指数<65.0)

3　弱(受冻指数≥65.0)

8 抗病虫性

8.1 栎粉舟蛾抗性

抗虫性鉴定采用田间调查法(参考方法)。

每种质随机取样 3~5 株,记载每株树的发病情况,并记载有病斑的个数、群体类型、立地条件、栽培管理水平和病害发生情况等。根据症状病情分为 6 级。

级别　病情

0 级　无病症

1 级　叶片为浅绿色至微黄绿色或浓绿至深绿色

2 级　叶背面聚集少量虫子吸食嫩叶汁液

3 级　叶片出现小面积失绿

4 级　叶片大面积失绿，叶背面聚集大量虫子

5 级　叶片干枯并脱落

调查后按下列公式计算染病率：

$$DP_1(\%)=\frac{n}{N}\times100$$

式中：CP_1——染病率

n——染病叶片数

N——调查总叶片数

根据病害级别和染病率，按下列公式计算病情指数。

$$CI_1=\frac{\sum(x\cdot n)}{X\cdot N}\times100$$

式中：CI_1——病害指数

x——该级病害代表值

n——染病叶片数

X——最高病害级的代表值

N——调查的总叶片数

根据病情指数及下列标准确定栎属种质的抗病性。

　　1　高抗（HR）（病情指数<5）

　　3　抗（R）（5≤病情指数<10）

　　5　中抗（MR）（10≤病情指数<20）

　　7　感（S）（20≤病情指数<40）

　　9　高感（HS）（40≤病情指数）

8.2　栎实象鼻虫抗性

抗虫性鉴定采用田间调查法（参考方法）。

每种质随机取样 3~5 株，记载每株树的发病情况，并记载有病斑的个数、群体类型、立地条件、栽培管理水平和病害发生情况等。根据症状病情分为6级。

级别　病情

0 级　无病症

1 级　叶片为浅绿色至微黄绿色或浓绿至深绿色

2 级　叶背面聚集少量虫子吸食嫩叶汁液

3 级　叶片出现小面积失绿

4 级　叶片大面积失绿，叶背面聚集大量虫子

5 级　叶片干枯并脱落

调查后按下列公式计算染病率

$$DP_1(\%) = \frac{n}{N} \times 100$$

式中：DP_1——染病率

　　　n——染病叶片数

　　　N——调查总叶片数

根据病害级别和染病率，按下列公式计算病情指数。

$$CI_1 = \frac{\sum(x \cdot n)}{X \cdot N} \times 100$$

式中：CI_1——病害指数

　　　x——该级病害代表值

　　　n——染病叶片数

　　　X——最高病害级的代表值

　　　N——调查的总叶片数

根据病情指数及下列标准确定栎属种质的抗病性。

　　　1　高抗（HR）（病情指数<5）

　　　3　抗（R）（5≤病情指数<10）

　　　5　中抗（MR）（10≤病情指数<20）

　　　7　感（S）（20≤病情指数<40）

　　　9　高感（HS）（40≤病情指数）

8.3　栗山天牛抗性

抗虫性鉴定采用田间调查法（参考方法）。

每种质随机取样 3～5 株，记载每株树的发病情况，并记载有病斑的个数、群体类型、立地条件、栽培管理水平和病害发生情况等。根据症状病情分为 6 级。

级别　病情

0 级　无病症

1 级　叶片为浅绿色至微黄绿色或浓绿至深绿色

2 级　叶背面聚集少量虫子吸食嫩叶汁液

3 级 叶片出现小面积失绿

4 级 叶片大面积失绿，叶背面聚集大量虫子

5 级 叶片干枯并脱落

调查后按下列公式计算染病率

$$DP_1(\%) = \frac{n}{N} \times 100$$

式中：DP_1——染病率

n——染病叶片数

N——调查总叶片数

根据病害级别和染病率，按下列公式计算病情指数。

$$CI_1 = \frac{\sum(x \cdot n)}{X \cdot N} \times 100$$

式中：CI_1——病害指数

x——该级病害代表值

n——染病叶片数

X——最高病害级的代表值

N——调查的总叶片数

根据病情指数及下列标准确定栎属种质的抗病性。

    1 高抗（HR）（病情指数<5）

    3 抗（R）（5≤病情指数<10）

    5 中抗（MR）（10≤病情指数<20）

    7 感（S）（20≤病情指数<40）

    9 高感（HS）（40≤病情指数）

8.4 栎实僵干病抗性

抗病性鉴定采用田间调查法（参考方法）。

每种质随机取样 3~5 株，记载每株的发病情况、群体类型、立地条件、栽培管理水平和病害发生情况。根据症状病情分为 6 级。

级别 病情

0 级 无病症

1 级 枝条上有少量变色的病斑

2 级 枝条上病斑增多，粗糙的树皮上病斑边缘不明显

3 级 病斑继续扩展，并逐渐肿大，树皮纵向开裂

4 级 病斑包围枝干

5 级 整个枝条或全株死亡

同时按下列公式计算病果率。

$$DP_2 = \frac{n}{N} \times 100$$

式中：DP_2——染病率

n——染病枝条数

N——调查的总枝条数

根据病害级别和染病率，按下列公式计算病情指数。

$$CI_2 = \frac{\sum (x \cdot n)}{X \cdot N} \times 100$$

式中：CI_2——病害指数

x——该级病害代表值

n——染病枝条数

X——最高病害级的代表值

N——调查的总枝条数

根据病情指数及下列标准确定栎属种质的抗病性。

1　高抗（HR）（病情指数<5）

3　抗（R）（5≤病情指数<10）

5　中抗（MR）（10≤病情指数<20）

7　感（S）（20≤病情指数<40）

9　高感（HS）（40≤病情指数）

8.5　褐斑病抗性

抗病性鉴定采用田间调查法（参考方法）。

每种质随机取样 3~5 株，记载每株的发病情况、群体类型、立地条件、栽培管理水平和病害发生情况。根据症状病情分为 6 级。

级别　病情

0 级　无病症

1 级　枝条上有少量变色的病斑

2 级　枝条上病斑增多，粗糙的树皮上病斑边缘不明显

3 级　病斑继续扩展，并逐渐肿大，树皮纵向开裂

4 级　病斑包围枝干

5 级　整个枝条或全株死亡

同时按下列公式计算病果率。

$$DP_2(\%) = \frac{n}{N} \times 100$$

式中：DP_2——染病率

　　　　n——染病枝条数

　　　　N——调查的总枝条数

根据病害级别和染病率，按下列公式计算病情指数。

$$DI_2 = \frac{\sum (x \cdot n)}{X \cdot N} \times 100$$

式中：DI_2——病害指数

　　　　x——该级病害代表值

　　　　n——染病枝条数

　　　　X——最高病害级的代表值

　　　　N——调查的总枝条数

根据病情指数及下列标准确定栎属种质的抗病性。

　　　　1　高抗（HR）（病情指数<5）

　　　　3　抗（R）（5≤病情指数<10）

　　　　5　中抗（MR）（10≤病情指数<20）

　　　　7　感（S）（20≤病情指数<40）

　　　　9　高感（HS）（40≤病情指数）

8.6　白粉病抗性

抗病性鉴定采用田间调查法（参考方法）。

每种质随机取样3~5株，记载每株的发病情况、群体类型、立地条件、栽培管理水平和病害发生情况。根据症状病情分为6级。

级别　病情

0级　无病症

1级　枝条上有少量变色的病斑

2级　枝条上病斑增多，粗糙的树皮上病斑边缘不明显

3级　病斑继续扩展，并逐渐肿大，树皮纵向开裂

4级　病斑包围枝干

5级　整个枝条或全株死亡

同时按下列公式计算病果率。

$$DP_2(\%) = \frac{n}{N} \times 100$$

式中：DP_2——染病率

　　　　n——染病枝条数

　　　　N——调查的总枝条数

根据病害级别和染病率，按下列公式计算病情指数。

$$DI_2 = \frac{\sum (x \cdot n)}{X \cdot N} \times 100$$

式中：DI_2——病害指数

    x——该级病害代表值

    n——染病枝条数

    X——最高病害级的代表值

    N——调查的总枝条数

根据病情指数及下列标准确定栎属种质的抗病性。

    1 高抗（HR）（病情指数<5）

    3 抗（R）（5≤病情指数<10）

    5 中抗（MR）（10≤病情指数<20）

    7 感（S）（20≤病情指数<40）

    9 高感（HS）（40≤病情指数）

8.7 栎属心材白腐病抗性

抗病性鉴定采用田间调查法（参考方法）。

每种质随机取样 3~5 株，记载每株的发病情况、群体类型、立地条件、栽培管理水平和病害发生情况。根据症状病情分为 6 级。

级别   病情

0 级   无病症

1 级   枝条上有少量变色的病斑

2 级   枝条上病斑增多，粗糙的树皮上病斑边缘不明显

3 级   病斑继续扩展，并逐渐肿大，树皮纵向开裂

4 级   病斑包围枝干

5 级   整个枝条或全株死亡

同时按下列公式计算病果率。

$$DP_2(\%) = \frac{n}{N} \times 100$$

式中：DP_2——染病率

    n——染病枝条数

    N——调查的总枝条数

根据病害级别和染病率，按下列公式计算病情指数。

$$DI_2 = \frac{\sum (x \cdot n)}{X \cdot N} \times 100$$

式中：DI_2——病害指数

　　　x——该级病害代表值

　　　n——染病枝条数

　　　X——最高病害级的代表值

　　　N——调查的总枝条数

根据病情指数及下列标准确定栎属种质的抗病性。

　　1　高抗（HR）（病情指数<5）

　　3　抗（R）（5≤病情指数<10）

　　5　中抗（MR）（10≤病情指数<20）

　　7　感（S）（20≤病情指数<40）

　　9　高感（HS）（40≤病情指数）

8.8　栎属根朽病抗性

抗病性鉴定采用田间调查法（参考方法）。

每种质随机取样 3~5 株，记载每株的发病情况、群体类型、立地条件、栽培管理水平和病害发生情况。根据症状病情分为 6 级。

级别　病情

0 级　无病症

1 级　枝条上有少量变色的病斑

2 级　枝条上病斑增多，粗糙的树皮上病斑边缘不明显

3 级　病斑继续扩展，并逐渐肿大，树皮纵向开裂

4 级　病斑包围枝干

5 级　整个枝条或全株死亡

同时按下列公式计算病果率。

$$DP_2(\%) = \frac{n}{N} \times 100$$

式中：DP_2——染病率

　　　n——染病枝条数

　　　N——调查的总枝条数

根据病害级别和染病率，按下列公式计算病情指数。

$$DI_2 = \frac{\sum (x \cdot n)}{X \cdot N} \times 100$$

式中：DI_2——病害指数

　　　x——该级病害代表值

　　　n——染病枝条数

X——最高病害级的代表值

N——调查的总枝条数

根据病情指数及下列标准确定栎属种质的抗病性。

    1 高抗(HR)(病情指数<5)

    3 抗(R)(5≤病情指数<10)

    5 中抗(MR)(10≤病情指数<20)

    7 感(S)(20≤病情指数<40)

    9 高感(HS)(40≤病情指数)

8.9 栎属早烘病抗性

抗病性鉴定采用田间调查法(参考方法)。

每种质随机取样 3~5 株,记载每株的发病情况、群体类型、立地条件、栽培管理水平和病害发生情况。根据症状病情分为 6 级。

级别　病情

0 级　无病症

1 级　枝条上有少量变色的病斑

2 级　枝条上病斑增多,粗糙的树皮上病斑边缘不明显

3 级　病斑继续扩展,并逐渐肿大,树皮纵向开裂

4 级　病斑包围枝干

5 级　整个枝条或全株死亡

同时按下列公式计算病果率。

$$DP_2(\%) = \frac{n}{N} \times 100$$

式中:DP_2——染病率

    n——染病枝条数

    N——调查的总枝条数

根据病害级别和染病率,按下列公式计算病情指数。

$$DI_2 = \frac{\sum(x \cdot n)}{X \cdot N} \times 100$$

式中:DI_2——病害指数

    x——该级病害代表值

    n——染病枝条数

    X——最高病害级的代表值

    N——调查的总枝条数

根据病情指数及下列标准确定栎属种质的抗病性。

1　高抗(HR)(病情指数<5)

3　抗(R)(5≤病情指数<10)

5　中抗(MR)(10≤病情指数<20)

7　感(S)(20≤病情指数<40)

9　高感(HS)(40≤病情指数)

9　其他特征特性

9.1　指纹图谱与分子标记

对重要的栎属种质进行分子标记分析并构建指纹图谱分析，记录分子标记分析及构建指纹图谱的方法(RAPD、ISSR、SCAR、SSR、AFLP 等)，并注明所用引物、特征带的分子大小或序列，以及标记的性状和连锁距离等分析数据。

9.2　备注

栎属种质特殊描述符或特殊代码的具体说明。

栎属种质资源采集表 六

1 基本信息			
资源流水号(1)		资源编号(2)	
种质名称(3)		种质外文名(4)	
科中文名(5)		科拉丁名(6)	
属中文名(7)		属拉丁名(8)	
种名或亚种名(9)		种拉丁名(10)	
原产地(11)		原产省(12)	
原产国家(13)		来源地(14)	
归类编码(15)		资源类型(16)	1 野生资源(群体、种源) 2:野生资源(家系) 3:野生资源(个体、基因型) 4:地方品种 5:选育品种 6:遗传材料 7:其他
主要特性(17)	1:高产 2:优质 3:抗病 4:抗虫 5:抗逆 6:高效 7:其他		
主要用途(18)	1:材用 2:食用 3:药用 4:防护 5:观赏 6:其他		
气候带(19)	1:热带 2:亚热带 3:温带 4:寒温带 5:寒带		
生长习性(20)	1:喜光 2:耐盐碱 3:喜水肥 4:耐干旱		
开花结实特性(21)		特征特性(22)	
具体用途(23)		观测地点(24)	
繁殖方式(25)			
选育单位(26)		育成年份(27)	
海拔(28)		经度(29)	
纬度(30)		土壤类型(31)	
生态环境(32)		年均温度(33)	
年均降水量(34)	mm	图像(35)	

(续)

记录地址(36)		保存单位(37)			
单位编号(38)		库编号(39)		引种号(40)	
采集号(41)		保存时间(42)			
保存材料类型(43)	1:植株　2:种子　3:营养器官(穗条、块根、根穗、根鞭等)　4:花粉 5:培养物(组培材料)　6:其他				
保存方式(44)	1:原地保存　2:异地保存　3:设施(低温库)保存				
实物状态(45)	1:良好　2:中等　3:较差　4:缺失				
共享方式(46)	1:公益　2:公益借用　3:合作研究　4:知识产权交易　5:资源纯交易 6:资源租赁　7:资源交换　8:收藏地共享　9:行政许可　10:不共享				
获取途径(47)	1:邮递　2:现场获取　3:网上订购　4:其他				
联系方式(48)		源数据主键(49)		关联项目(50)	

2　形态特征和生物学特性

生活型(51)	1:落叶乔木　2:常绿乔木 3:灌木	主干数(52)	1:1　2:2~3　3:>3
冠形(53)	1:宽卵球形　2:卵球形　3:窄卵球形　4:扁球形　5:球形　6:柱状 7:倒卵球形		
植株高度(54)	m	植株胸径(55)	cm
植株冠幅(56)	m		
植株主干姿态(57)	1:通直　2:较直　3:微弯 4:弯曲	枝密度(58)	1:疏　2:中　3:密
主枝伸展姿态(59)	1:近直立　2:斜上伸展　3:斜展　4:斜平展　5:近平展　6:半下垂 7:下垂		
主干表皮裂纹形态(60)	1:近平滑　2:细纹　3:中粗纹　4:粗纹　5:块状　6:纵向条裂剥落		
主干表皮栓质(61)	1:否　2:是	主干树皮颜色(62)	1:灰白　2:灰褐　3:灰 4:灰绿　5:灰黑
树皮木栓层(63)	1:不发达　2:发达		
1年生枝冬季表皮颜色(64)	1:灰白　2:绿　3:灰绿　4:灰黄　5:褐红　6:灰　7:灰黑		
1年生枝表皮毛(65)	1:无或近无　2:疏　3:中　4:密　5:很密		
1年生枝顶芽数量(66)	1:仅1　2:少　3:中 4:多	1年生枝节间长度 (67)	1:短　2:中　3:长
当年生枝皮孔密度(68)	1:无或近无　2:疏　3:中　4:密　5:很密		
当年生枝表皮颜色(69)	1:浅绿　2:中绿　3:深绿　4:黄绿　5:褐绿　6:灰白　7:灰黄　8:红褐		
当年生枝扭曲(70)	1:否　2:是		
冬芽形状(71)	1:宽卵球形　2:卵球形 3:窄卵球形　4:近球形	顶芽数(72)	1:少　2:中　3:多
顶芽长度(73)	mm	顶芽宽度(74)	mm

(续)

叶片外轮廓形状(75)	1:卵圆形　2:窄卵圆形　3:披针形　4:近圆形　5:椭圆形　6:近条形 7:倒三角形　8:倒卵圆形　9:窄倒卵形　10:倒披针形	
叶片长度(76)	cm	叶片宽度(77)
叶片质地(78)	1:纸质　2:半革质　3:革质	叶片表面光泽强度(79)
叶片背面毛类型(80)	1:纤毛　2:柔毛　3:毡毛 4:簇毛　5:腺毛	叶片背面毛颜色(81)
叶片叶缘形态(82)	1:近全缘　2:疏浅锯齿　3:圆钝锯齿　4:细锯齿　5:粗锯齿　6:波状齿 7:裂片状锯齿　8:羽状裂片	
叶缘锯齿深度(83)	1:无或近无　2:浅　3:中　4:深　5:很深	
叶片锯齿间距离(仅对波状和裂片状品种)(84)	1:短　2:中　3:长	叶缘锯齿数量(85)
叶缘锯齿上部形状(86)	1:圆钝　2:尖锐	叶缘锯齿顶端芒刺(87)
叶片顶端形状(88)	1:凹　2:圆钝　3:突尖　4:锐尖　5:渐尖	
叶片基部形状(89)	1:窄楔形　2:中楔形　3:宽楔形　4:平截形　5:圆形　6:浅心形 7:心形　8:浅耳形　9:耳形	
叶片复色(90)	1:否　2:是	
新叶上表面主色(91)	1:浅绿　2:中绿　3:黄绿　4:黄　5:橙黄　6:橙红　7:褐红　8:紫红 9:红褐　10:褐	
成熟叶上表面主色(92)	1:浅绿　2:中绿　3:深绿　4:黄绿　5:灰绿　6:黄　7:红　8:紫红 9:红褐	
成熟叶下表面主色(93)	1:灰白　2:浅绿　3:中绿　4:深绿　5:黄绿　6:浅灰绿　7:灰绿　8:黄	
叶片秋季季相主色(94)	1:中绿　2:深绿　3:黄绿　4:黄　5:橙黄　6:橙红　7:紫红　8:褐红 9:黄褐	
叶片次色部位(仅对复色叶品种)(95)	1:边缘线形　2:边缘　3:中部　4:沿叶脉　5:散布　6:不规则	
叶片次色颜色(仅对复色叶品种)(96)	1:白　2:浅黄　3:黄 4:黄绿　5:灰绿	叶柄长度(97)
叶柄粗度(98)	mm	雄花花期(99)
雌花花期(100)	d	果实形状(101)
果实大小(102)	1:小　2:中　3:大	种实长度(103)
种实宽度(104)	cm	壳斗包被坚果比例(105)

叶片表面光泽强度(79) 1:无或近无　2:弱　3:中　4:强

叶片背面毛颜色(81) 1:灰白　2:灰黄　3:黄褐　4:灰褐

叶缘锯齿数量(85) 1:无或近无　2:少　3:中　4:多　5:很多

叶缘锯齿顶端芒刺(87) 1:无　2:有

叶片宽度(77) cm

叶柄长度(97) mm

雄花花期(99) d

果实形状(101) 1:卵球形　2:扁球形　3:球形　4:椭球形

种实长度(103) cm

壳斗包被坚果比例(105) 1:≤1/4　2:1/4~1/3　3:1/3~1/2　4:1/2~2/3　5:2/3~3/4　6:≥3/4

（续）

果柄长度（106）	cm	壳斗高度（107）	cm
壳斗直径（108）	cm	壳斗形状（109）	1：近碟状　2：浅碗状 3：碗状　4：坛状
壳斗苞片形状（110）	1：三角形　2：窄卵圆形 3：菱形　4：披针形 5：条形　6：线形　7：扇形	壳斗苞片疣状（111）	1：否　2：是
壳斗边缘（112）	1：延伸贴紧坚果　2：增厚	坚果表面颜色（113）	1：绿　2：黄绿 3：褐绿　4：紫褐
坚果表面纹饰明显（114）	1：否　2：是	坚果表面毛（115）	1：无　2：有
坚果顶端形状（116）	1：凹　2：平截　3：圆钝　4：锐尖　5：突尖		
坚果千粒重（117）	1：轻　2：中　3：重	单株结实量（118）	1：少　2：中　3：多
种子千粒重（119）	g	发芽率（120）	%
萌动期（121）	月　　日	新叶色彩持续期（122）	1：短　2：中　3：长
秋季叶变色期（123）	1：早　2：中　3：晚	秋季叶色持续期（124）	1：短　2：中　3：长
落叶期（125）	1：早　2：中　3：晚　4：很晚　5：近无落叶期		
3　品质特性			
果实出仁率（126）	%	果实淀粉含量（127）	g/kg
果实蛋白质含量（128）	g/100g	果实脂肪含量（129）	g/100g
果实氨基酸总含量（130）	mg/100g	果实脯氨酸含量（131）	mg/100g
果实天冬氨酸含量（132）	mg/100g	果实精氨酸含量（133）	mg/100g
果实微量元素含量（134）	mg/100g	果实铁含量（135）	mg/100g
果实锌含量（136）	mg/100g	果实铜含量（137）	mg/100g
种仁淀粉含量（138）	g/100g	湿面筋含量（139）	%
叶片总糖含量（140）	g/100g	叶片还原糖含量（141）	g/100g
叶片粗脂肪含量（142）	g/100g	叶片粗纤维含量（143）	g/100g
叶片粗蛋白含量（144）	g/100g	叶片灰分含量（145）	g/100g
叶片全氮含量（146）	g/100g	叶片全磷含量（147）	g/100g
叶片全钾含量（148）	g/100g	硝酸还原酶活性（149）	$\mu g/(g \cdot h)$
可溶性蛋白含量（150）	mg/100g	叶绿素含量（151）	mg/100g
木材基本密度（152）	g/cm^3	木材纤维长度（153）	mm
木材纤维宽度（154）	μn	木材纤维长宽比（155）	
木材纤维含量（156）		木材造纸得率（157）	
木材顺压强度（158）	1：高　2：较高　3：中 4：较低　5：低	木材抗弯强度（159）	1：高　2：较高　3：中 4：较低　5：低
木材干缩系数（160）		木材弹性模量（161）	

(续)

木材硬度(162)	1:硬　2:中　3:软	木材冲击韧性(163)	1:强　2:中　3:差

4　抗逆性

耐旱性(164)	1:强　　2:中　　3:弱
耐涝性(165)	1:强　　2:中　　3:弱
耐寒性(166)	1:强　　2:中　　3:弱
耐盐碱能力(167)	1:强　　2:中　　3:弱
抗晚霜能力(168)	1:强　　2:中　　3:弱

5　抗病虫性

栎粉舟蛾抗性(169)	1:高抗　3:抗　5:中抗　7:感　9:高感
栎实象鼻虫抗性(170)	1:高抗　3:抗　5:中抗　7:感　9:高感
栗山天牛抗性(171)	1:高抗　3:抗　5:中抗　7:感　9:高感
栎实僵干病抗性(172)	1:高抗　3:抗　5:中抗　7:感　9:高感
褐斑病抗性(173)	1:高抗　3:抗　5:中抗　7:感　9:高感
白粉病抗性(174)	1:高抗　3:抗　5:中抗　7:感　9:高感
心材白腐病抗性(175)	1:高抗　3:抗　5:中抗　7:感　9:高感
根朽病抗性(176)	1:高抗　3:抗　5:中抗　7:感　9:高感
旱烘病抗性(177)	1:高抗　3:抗　5:中抗　7:感　9:高感

6　其他特征特性

指纹图谱与分子标记(178)	
备注(179)	

填表人：　　　　审核：　　　　日期：

七 栎属种质资源调查登记表

调查人			调查时间	
采集资源类型	□野生资源(群体、种源)　□野生资源(家系) □野生资源(个体、基因型)　□地方品种　□选育品种 □遗传材料　□其他			
采集号			照片号	
地点				
北纬	° ′ ″		东经	° ′ ″
海拔	m	坡度	°	坡向	
土壤类型				
品种				
植株冠形	□宽卵球形　□卵球形　□窄卵球形　□扁球形　□球形　□柱状　□倒卵球形			
主枝伸展姿态	□近直立　□斜上伸展　□斜展　□斜平展　□近平展　□半下垂　□下垂			
1年生枝表皮毛	□无或近无　□疏　□中　□密　□很密			
叶片姿态	□平展或近平展　□V形　□U形　□泡状皱褶　□扭曲　□两边下卷			
叶缘锯齿上部形状	□圆钝　□尖锐			
叶缘锯齿顶端芒刺	□无　□有			
叶片秋季季相主色	□中绿　□深绿　□黄绿　□黄　□橙黄			
果实形状	□卵形　□扁球形　□球形 □椭圆形	壳斗形状	□近碟状　□浅碗状 □碗状　□坛状	
树龄		树高	m	胸径/基径	m
冠幅(东西×南北)	m			
单株结实量	□少　□中　□多			
生长势				
其他描述				
权属		管理单位/个人		

填表人：　　　　　审核：　　　　　日期：

栎属种质资源利用情况登记表 八

种质名称						
提供单位		提供日期			提供数量	
提供种质 类型	地方品种□　育成品种□　高代品系□　国外引进品种□　野生种□ 近缘植物□　遗传材料□　突变体□　其他□					
提供种质 形态	植株(苗)□　果实□　籽粒□　根□　茎(插条)□　叶□　芽□ 花(粉)□　组织□　细胞□　DNA□　其他□					
资源编号		单位编号				

提供种质的优异性状及利用价值：

利用单位		利用时间	
利用目的			

利用途径：

取得实际利用效果：

种质利用单位：　　　　　　　　　　　　　　　　　　种质利用者：
　　（盖章）　　　　　　　　　　　　　　　　　　　　　（签名）
　　　　　　　　　　　　　　　　　　　　　　　　　　年　　月　　日

参考文献

白锦曦, 2019. 生长调节剂对蒙古栎扦插生根养分含量变化的影响[J]. 林业科技通讯 (3)：70-71.

曹令立, 2013. 橡子大小和虫蛀对栎属植物幼苗建成的影响[D]. 洛阳：河南科技大学.

曹明, 周浙昆, 2002. 中国栎属植物花粉形态及其系统学意义[J]. 广西植物 (1)：14-18, 99-103.

陈丹丹, 2018. 中国北方6种栎属植物叶脉序特征研究[D]. 杨凌：西北农林科技大学.

陈科屹, 张会儒, 雷相东, 2018. 天然次生林蒙古栎种群空间格局[J]. 生态学报, 38(10)：3462-3470.

陈晓红, 2017. 2种种子处理方式对蒙古栎苗木生长的影响[J]. 防护林科技 (5)：72-73.

丁小飞, 陈红林, 曹健, 等, 2005. 栎属天然林的遗传结构和遗传多样性研究[J]. 湖北林业科技 (4)：1-4.

葛志功, 2017. 辽西地区栎属植物资源的生态评价及保护利用[J]. 江西农业 (17)：93.

官秀玲, 杨超, 梅梅, 等, 2019. 蒙古栎苗木质量调控的初步研究[J]. 沈阳农业大学学报, 50(2)：215-220.

郭斌, 2018. 栎属近缘种指纹图谱构建及遗传结构[J]. 北京林业大学学报, 40(5)：10-18.

郭彦林, 魏来, 黄有龙, 等, 2016. 蒙古栎纯林胸径分布规律的研究[J]. 林业勘查设计 (1)：83-84

郭艳婷, 2019. 优良硬阔树种蒙古栎苗木繁育技术研究[J]. 种子科技, 37(4)：92, 96.

韩金生, 赵慧颖, 朱良军, 等, 2019. 小兴安岭蒙古栎和黄菠萝径向生长对气候变化的响应比较[J]. 应用生态学报, 30(7)：2218-2230.

韩云鹤, 孟昕, 由士江, 等, 2018. 吉林地区柞栎象生物学特性[J]. 东北林业大学学报, 46(12)：49-53.

郝清和, 戴璐, 2019. 中国热带、亚热带栎属植物花粉形态多样性及其古气候意义[J]. 微体古生物学报, 36(2)：140-150.

李春风, 杨洋, 唐朝发, 等, 2016. 长白山蒙古栎材制造橡木桶工艺[J]. 绿色科技 (8)：142-143, 145.

李东胜, 白庆红, 李永杰, 等, 2017. 光照条件对蒙古栎幼苗生长特性和光合特征的影响[J]. 生态学杂志, 36(10)：2744-2750.

李广志, 高强, 张天祥, 等, 2016. 蛟河辖区5年间蒙古栎材蓄积量分布规律研究[J]. 中国农业信息 (12)：54-55.

李奎全, 王君, 许延国, 等, 2019. 蒙古栎嫁接技术[J]. 吉林林业科技, 48(2)：7-10.

李乐, 钟迪, 贾宝军, 等, 2016. 蒙古栎叶面积的数字图像法测定[J]. 西北林学院学报, 31

（6）：96-103.

李楠，郭风民，闫志军，等，2019. 不同处理对两种栎属植物种子出苗状况的影响[J]. 黑龙江农业科学（2）：64-68.

李文英，顾万春，2002. 栎属植物遗传多样性研究进展[J]. 世界林业研究（2）：42-49

李文英，王冰，黎祜琛，2001. 栎类树种的生态效益和经济价值及其资源保护对策[J]. 林业科技通讯（8）：13-15.

李艳丽，杨华，邓华锋，2019. 蒙古栎-糠椴天然混交林空间格局研究[J]. 北京林业大学学报，41(3)：33-41.

李迎超，2013. 木本淀粉能源植物栓皮栎与麻栎资源调查及地理种源变异分析[D]. 北京：中国林业科学研究院.

李增宝，2015. 黑龙江省林区常见的树木干基腐朽病[J]. 林业勘查设计（1）：48-49.

厉月桥，李迎超，吴志庄，2013. 中国北方栎属植物资源调查与区划[J]. 林业资源管理（4）：88-93.

刘军，2018. 不同时期秋播对蒙古栎种子出苗率和苗木生长的影响[J]. 防护林科技（1）：68-69.

刘茂松，洪必恭，1999. 中国壳斗科的分布格局类型分析[J]. 南京林业大学学报（5）：18-22.

刘振西，1995. 栎树资源及其开发利用[J]. 自然资源（2）：56-59.

吕飞舟，2016. 基于 CSI 的蒙古栎林木竞争与分级研究[D]. 长沙：中南林业科技大学.

吕秀立，2018. 栎属、考来木属等优良材料筛选和无性繁殖技术研究[D]. 南京：南京林业大学.

南俊科，张健，林枫，等. 蒙古栎主要害虫危害及防治研究进展[J]. 中国森林病虫，37（1）：39-43.

彭焱松，2007. 中国栎属植物的数量分类研究[D]. 武汉：中国科学院研究生院(武汉植物园).

任坚毅，2014. 秦岭桦属栎属植物种子与幼苗适应性策略的海拔变异[D]. 西安：西北大学.

单良，2018. 蒙古栎叶片主要营养物质变异规律分析[D]. 吉林：北华大学.

绳亚军，2018. 蒙古栎苗材兼用林培育技术措施[J]. 现代园艺（17）：202，159.

史志诚，2013. 栎属植物灾害及其控制[C]// 毒理学史研究文集第十二集—栎属植物毒理学研究论文集. 西北大学生态毒理研究所，4.

宋承文，2019. 蒙古栎育苗及栽培技术[J]. 现代园艺（5）：62-63.

苏日娜，莫德格玛，鲍布日额，2018. 蒙古栎的研究进展[J]. 世界最新医学信息文摘，18（16）：81-82.

孙楠，邢亚娟，2018. 经营密度对蒙古栎次生林植物多样性的影响[J]. 林业科技，43(5)：1-3，32，64.

唐也，赵小宇，王英杰，等，2019. 危害杏树、蒙古栎的新害虫——圆尾弧胫天牛(鞘翅目：天牛科)[J]. 中国森林病虫，38(1)：17-18，22.

唐宇丹，王黎莉，张会金，2004. 中国北方园林建设的新优树种——栎树 [C]// 唐宇丹. 奥运环境建设城市绿化行动对策论文集：231-236.

田茂贤，张塞，2018. 基于蒙古栎常见病虫害的防治分析[J]. 现代园艺（18）：66.

王鸿钧, 兰莹, 2016. 吉林省蒙古栎削度方程与材种出材率表研究[J]. 吉林林业科技, 45
(4): 25-29.

王君, 及利, 张忠辉, 等, 2019. 不同土壤基质下水分胁迫对蒙古栎幼苗表型可塑性的影响
[J]. 生态学杂志, 38(1): 51-59.

王连珍, 郎庆龙, 夏兴宏, 等, 2017. 10种栎属植物高干乔木植株叶片的营养成分测定及营
养品质评价[J]. 蚕业科学, 43(4): 559-567.

王连珍, 郎庆龙, 夏兴宏, 等, 2015. 13种栎属植物叶片的气孔特征及其相关性分析和分类
学意义[J]. 植物资源与环境学报, 24(2): 48-55.

王玲玲, 叶青雷, 王学英, 等, 2008. 栎属植物DNA提取方法的研究[J]. 沈阳农业大学学
报, 39(6): 737-739.

王娜, 霍锡敏, 杨会娜, 等, 2015. 不同地区蒙古栎形态特征分析[J]. 内蒙古林业科技, 41
(4): 18-20.

王娜, 杨会娜, 霍锡敏, 等, 2015. 蒙古栎优树选择技术[J]. 江苏农业科学, 43(1): 174
-175.

王淑霞, 胡运乾, 周浙昆, 2005. 灰背栎遗传多样性和遗传结构的AFLP指纹分析[J]. 云南
植物研究 (1): 49-58.

王勇, 2012. 环境条件对栎属植物功能性状的影响[J]. 河北林业科技 (2): 61-63.

王中华, 贾哲, 王燕龙, 2010. 野生栎树群落的土壤环境特征及其在城区成功恢复的土壤改
良途径[J]. 河北林果研究, 25(2): 109-112.

王重舒, 韩云鹤, 牛欢, 等. 柞栎象幼虫与蒙古栎果实的相互关系[J]. 安徽农业科学, 45
(2): 167-169.

魏高明, 方炎明, 2015. 栎属植物流式细胞术实验体系的建立与优化[J]. 南京林业大学学
报(自然科学版), 39(1): 167-172.

魏文俊, 尤文忠, 柴兵, 等, 2015. 辽东山区蒙古栎天然林固碳特征研究[J]. 防护林科技
(2): 1-3, 6.

吴飞, 李承阳, 2017. 蒙古栎栗山天牛防治技术[J]. 吉林农业 (17): 67.

吴媛, 包志毅, 2008. 栎属植物资源及其在园林中的应用前景[J]. 北方园艺 (7): 174
-177.

肖龙敏, 刘雪峰, 张玉洲, 等, 2018. 松栎柱锈菌侵染蒙古栎叶上的真菌种群分布[J]. 中国
森林病虫, 37(3): 26-30.

谢涛, 谢碧霞, 2003. 石栎属植物淀粉粒特性研究[J]. 湖南农业大学学报(自然科学版)
(1): 32-34.

邢荣, 袁凤歧, 唐艳龙, 等, 2014. 内蒙古宁城县栗山天牛发生规律及防治技术[J]. 生物灾
害科学, 37(4): 326-328.

薛思雷, 董希文, 王庆成, 等, 2017. 不同光环境对蒙古栎苗木生长和形态特征的影响[J].
防护林科技 (9): 21-23.

闫文涛, 2017. 蒙古栎嫩枝扦插繁殖技术及其生根机理的研究[D]. 沈阳: 沈阳农业大学.

杨超, 2018. 蒙古栎苗木形态调控的初步研究[D]. 沈阳: 沈阳农业大学.

杨莉, 杨涵贞, 任宪威, 1992. 栎属植物橡果油脂肪酸组成的研究[J]. 河北林学院学报
(3): 258-262.

杨莉，1993. 栎属植物数量分类初探[J]. 河北林学院学报（4）：292-298.

杨晓瑞，王全喜，宋以刚，2017. 壳斗科雌花不同发育时期比较胚胎学特征初探[J]. 广西植物，37(7)：841-848.

杨颜慈，2018. 中国栎属植物和壳斗科主要属质体基因组比较分析和系统发育研究[D]. 西安：西北大学.

杨振亚，2016. 4个引种栎类树种苗期抗逆性初步研究[D]. 泰安：山东农业大学.

远皓，杨传林，2016. 蒙古栎的价值和作用[J]. 中国林副特产（5）：97-98.

曾昭利，1997. 耕牛栎属植物幼嫩枝叶中毒病的诊治[J]. 甘肃畜牧兽医（6）：26-27.

张存旭，姚增玉，2004. 栎属植物体细胞胚胎发生研究现状[J]. 西北植物学报（2）：356-362.

张桂芹，刘跃杰，姜秀煜，等，2015. 蒙古栎种源生长性状的遗传变异及优良种源选择[J]. 东北林业大学学报，43(4)：5-7，36.

张杰，李健康，段安安，等，2019. 不同质量浓度NAA、IBA对栓皮栎、蒙古栎黄化嫩枝扦插生根的影响[J]. 北京林业大学学报，41(7)：128-138.

张金玲，刘洋，2018. 干旱胁迫下对蒙古栎幼苗生长状况的研究[J]. 吉林农业（16）：68-69.

张金香，王海霞，杨鸿飞，2014. 栎树利用价值及资源培育[J]. 河北林业科技（3）：76-77.

张金香，2012. 栎树资源开发利用及培育[C]// 中国科学技术协会、河北省人民政府. 第十四届中国科协年会第6分会场：林业新兴产业科技创新与绿色增长学术研讨会论文集. 中国科学技术协会、河北省人民政府：中国科学技术协会学会学术部：4.

张文文，2019. 栎属植物的引种历史与优良栎类的选育及推广[J]. 园林（8）：63-66.

张晓红，张会儒，卢军，等，2019. 长白山蒙古栎次生林群落结构特征及优势树种空间分布格局[J]. 应用生态学报，30(5)：1571-1579.

张彦妮，2018. 蒙古栎栽植及管理技术[J]. 现代农村科技（11）：36-37.

张怡卓，苏耀文，李超，等，2016. 蒙古栎抗弯弹性模量多模型共识的近红外检测方法[J]. 林业工程学报，1(6)：17-22.

赵波，苑静，2017. 东北地区蒙古栎常见病虫害的防治[J]. 绿色科技（17）：188-189.

赵德兴，赵西平，2017. 蒙古栎材积生长的变异性研究[J]. 安徽农业科学，45(24)：161-163.

赵晶，2013. 温度和光照对两种栎属植物幼苗叶形态与结构性状的影响[D]. 济南：山东大学.

郑雅楠，唐艳龙，杨忠岐，等，2014. 栗山天牛成虫补充营养方式及所取食的寄主树液中的主要化学成分[J]. 林业科学，50(12)：156-160.

钟迪，2017. 辽东山区蒙古栎枝叶生物量模拟研究[D]. 沈阳：沈阳农业大学.

ABRAMS M D，1990. Adaptations and responses to drought in *Quercus* species of North America [J]. Tree Physiology，7(1/2/3/4)：227-238.

CALLAWAY R M，NADKARNI N M，MAHALL B E，1991. Facilitation and interference of *Quercus douglasii* on Understory Productivity in Central California[J]. Ecology，72(4)：1484-1499.

CALLAWAY R M，1992. Effect of shrubs on recruitment of *Quercus douglasii* and *Quercus lobata* in California[J]. Ecology, 73(6): 2118–2128.

CASTRO–DÍEZ P, VILLAR–SALVADOR P, PÉREZ–RONTOMÉ C, et al, 1997. Leaf morphology and leaf chemical composition in three *Quercus* (Fagaceae) species along a rainfall gradient in NE Spain[J]. Trees, 11(3): 127–134.

CHO D S, BOERNER R E J, 1991. Canopy disturbance patterns and regeneration of *Quercus* species in two Ohio old–growth forests[J]. Vegetatio, 93(1): 9–18.

COCHARD H, BRÉDA N, GRANIER A, 1996. Whole tree hydraulic conductance and water loss regulation in *Quercus* during drought: evidence for stomatal control of embolism[J]. Annales DES Sciences Forestières, 53(2): 197–206.

DOW B D, ASHLEY M V, 2010. Microsatellite analysis of seed dispersal and parentage of saplings in bur oak, *Quercus macrocarpa*[J]. Molecular Ecology, 5(5): 615–627.

FORKNER R E, MARQUIS R J, LILL J T, 2010. Feeny revisited: condensed tannins as anti–herbivore defences in leaf–chewing herbivore communities of *Quercus*[J]. Ecological Entomology, 29(2): 174–187.

MAYOL M, ROSSELLÓ J A, 2001. Why nuclear ribosomal DNA spacers (ITS) tell different stories in *Quercus*[J]. Molecular Phylogenetics & Evolution, 19(2): 167–176.

GRIFFITHS M, 2013. Index of garden plants[M]. Timber Press, Inc. London: 480–481.

NIXON K C, 1993. Infrageneric classification of *Quercus* (Fagaceae) and typification of sectional names[J]. Annales Des Sciences Forestières, 36(4): 25s–34s.

NIXON K C, 1999. Phylogeny, biogeography, and processes of molecular differentiation in *Quercus* subgenus *Quercus* (Fagaceae)[J]. Molecular Phylogenetics & Evolution, 12(3): 333–349.

PENG S, SCALBERT A, MONTIES B, 1991. Insoluble ellagitannins in *Castanea sativa* and *Quercus petraea* woods[J]. Phytochemistry, 30(3): 775–778.

STREIFF R, LABBE T, BACILIERI R, et al, 2010. Within-population genetic structure in *Quercus robur* L. and *Quercus petraea* (Matt.) Liebl. assessed with isozymes and microsatellites [J]. Molecular Ecology, 7(3): 317–328.

TAKASHIMA T, HIKOSAKA K, HIROSE T, 2010. Photosynthesis or persistence: nitrogen allocation in leaves of evergreen and deciduous*Quercus* species[J]. Plant Cell & Environment, 27(8): 1047–1054.

TOVARSÁNCHEZ E, OYAMA K, 2004. Natural hybridization and hybrid zones between *Quercus crassifolia* and *Quercus crassipes* (Fagaceae) in Mexico: morphological and molecular evidence [J]. American Journal of Botany, 91(9): 1352–1363.

TRIPATHI R S, KHAN M L, 1990. Effects of seed weight and microsite characteristics on germination and seedling fitness in two species of *Quercus* in a Subtropical Wet Hill Forest[J]. Oikos, 57(3): 289–296.